广西科技重大专项“六堡茶低产茶园改造技术研究”
（合同编号：桂科 AA20302018-5）项目

六堡茶优质高效栽培技术

于翠平　主编

U0951337

中国农业大学出版社
China Agricultural University Press
·北京·

内容简介

本书由广西六堡茶生物学与资源利用重点实验室组织编写，根据编者们的实践与经验，系统介绍了六堡茶产区茶园的优质高效栽培技术，内容包括适制六堡茶茶树品种的选择、良种繁育、生态茶园建设、茶树种植、土壤管理、茶树修剪、茶园间套作、主要病虫害防控、自然灾害防控、低产茶园改造等各个方面。本书图文并茂，直观实用，能够让六堡茶行业的管理者快速掌握六堡茶茶园的栽培要点；让茶农及有志于此的年轻人能轻松种出好原料；对于六堡茶的爱好者，本书有助于其更好地理解六堡茶独特品质的地理标志本质。

图书在版编目（CIP）数据

六堡茶优质高效栽培技术 / 于翠平主编. --北京：中国农业大学出版社，2024.5

ISBN 978-7-5655-3212-2

Ⅰ.①六…　Ⅱ.①于…　Ⅲ.①茶叶 - 栽培技术 -广西　Ⅳ.①S571.1

中国国家版本馆CIP数据核字（2024）第 096403 号

书　名　六堡茶优质高效栽培技术
Liubaocha Youzhi Gaoxiao Zaipei Jishu

作　者　于翠平　主编

策划编辑　童　云　张　玉　　**责任编辑**　张　玉

封面设计　李尘工作室

出版发行　中国农业大学出版社

社　址　北京市海淀区圆明园西路 2 号　　**邮政编码**　100193

电　话　发行部 010–62818525，8625　　读者服务部 010–62732336
编辑部 010–62732617，2618　　出　版　部 010–62733440

网　址　http://www.caupress.cn　　**E–mail**　cbsszs@cau.edu.cn

经　销　新华书店

印　刷　运河（唐山）印务有限公司

版　次　2024 年 6 月第 1 版　　2024 年 6 月第 1 次印刷

规　格　170 mm × 240 mm　　16 开本　　10.5 印张　　161 千字

定　价　39.00 元

图书如有质量问题本社发行部负责调换

编委会

主　任：吴健华

副主任：于翠平　邱瑞瑾　蒲　琦

委　员：黄丽蕴　陈永斌　滕翠琴　龙志荣

编写人员

主　　编：于翠平

副 主 编：黄丽蕴　邱瑞瑾　龙志荣

参　　编：陈耀进　连娜娜　谢晓欣　闫允诚
潘雯婧　甘　爽　王雨鑫　杨益欢
江智艺　陈颖慧　韦云飞　邱北连
莫　鹰　吴　凡　廖珍承

序

六堡茶，因其原产地在梧州，因此也叫梧州六堡茶，是中国传统历史文化名茶。早在清代嘉庆年间，六堡茶就以“红、浓、陈、醇”的品质特征和独特的槟榔香味声名鹊起，被列为全国二十四名茶之一，且远销东南亚各国及粤港澳地区，是著名的“侨销茶”。2011 年，六堡茶获国家地理标志产品保护；2014 年，六堡茶制作技艺列入国家非物质文化遗产代表性项目名录；2020 年，“梧州六堡茶”成功注册成为地理标志证明商标，并入选中欧地理标志协定第二批地理标志保护产品名录。2022 年，“六堡茶制作技艺”被列入联合国教科文组织人类非物质文化遗产代表作名录。六堡茶正成为国内消费者的一个新选择。

六堡茶的独特品质与其产地特有的亚热带季风气候环境、茶园管理及加工工艺有关，三者共同构成六堡茶独有的风味，这也是其地理标志产品的内涵所在。本书根据编者们的实践与经验，系统介绍了六堡茶产区茶园的优质高效栽培技术，内容包括适制六堡茶茶树品种的选择、良种繁育、生态茶园建设、茶树种植、土壤管理、茶树修剪、茶园间套作、主要病虫害防控、自然灾害防控、低产茶园改造等各个方面。本书图文并茂，直观实用，能够让六堡茶行业的管理者快速掌握六堡茶茶园的栽培要点；让茶农及有志于此的年轻人能轻松种出好原料；对于六堡茶的爱好者，本书有助于其更好地理解六堡茶独特品质的地理标志本质。

本书的出版，正值六堡茶产业振兴之时，必将助推当地六堡茶产业的转型升级，助力乡村振兴！

浙江大学茶学系教授

2024 年 4 月 17 日

CONTENTS

目录

CONTENTS

第一章

六堡茶产业发展概况

六堡茶属黑茶类，是中国历史名茶，国家地理标志保护产品，因原产于今苍梧县六堡镇而得名。早在清代嘉庆年间六堡茶便以“红、浓、陈、醇”的品质特征和特殊的槟榔香味位列中国二十四名茶。清同治年间编修的《苍梧县志》记载：“茶产多贤乡六堡，味厚，隔宿不变……茶色、香、味俱佳”。六堡茶外形条索紧结，色泽黑褐有光泽，汤色红浓明亮，滋味浓醇甘爽，并具有独特的槟榔香。

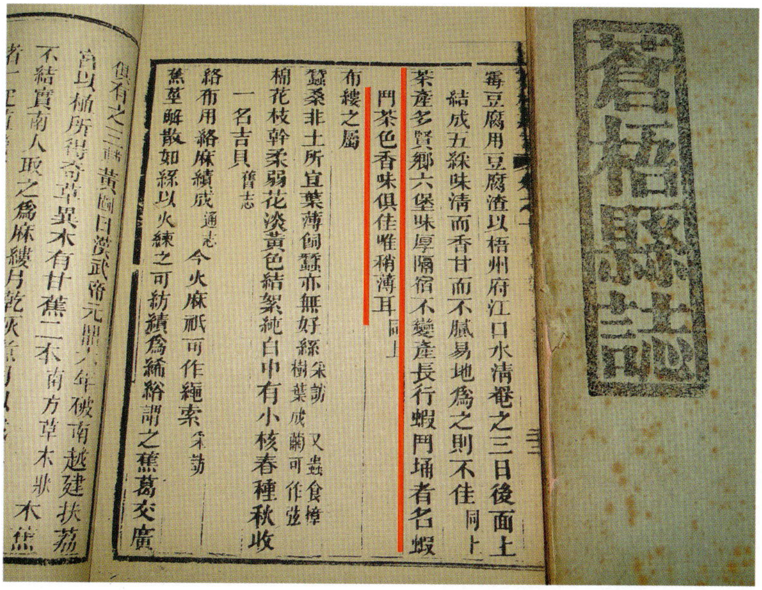
蒼梧縣誌

霉豆腐用豆腐渣以梧州府江口水清罨之三日後面上結成五綵味清而香甘而不膩易地為之則不佳 同上

茶產多賢鄉六堡味厚隔宿不變產長行蝦斗埔者名蝦門茶色香味俱佳唯稍薄耳 同上

布縷之屬

蠶桑非土所宜葉薄飼蠶亦無好絲 采訪 又蟲食樟樹葉成繭可作弦

棉花枝幹柔弱花淡黃色結絮純白中有小核春種秋收一名吉貝 舊志

絡布用絡麻績成 通志 今火麻祇可作繩索 采訪

蕉莖解散如絲以火練之可紡績為絺綌謂之蕉葛交廣

图1–1　清同治年间编修的《苍梧县志》中关于六堡茶的记载

历史上，六堡茶因具有独特的祛湿、调理肠胃功能而畅销我国粤、港、澳地区和东南亚国家。每年产茶季节，六堡镇所产的茶叶，都会从合口街码

图1-2　六堡茶干茶样

图1-3　六堡茶汤色

头装上“尖头船”，沿六堡河而下，在九城（六堡镇的一个地名）集结，经过梨埠镇码头，换装大木船后顺东安江而下进入贺江，再经封开江口镇进入西江，然后在广东郁南县都城镇换装大货船，运至广州，销往世界各地。

在清代至抗日战争前相当长的一段时间，六堡茶是我国销往海外量最大的黑茶。当时，岭南广府茶文化极大地推动了六堡茶的繁荣兴盛，很多茶商在六堡镇设庄收茶。因为六堡茶的带动，六堡镇曾是近代梧州最繁华的圩镇之一，两广甚而远至湖南的大小商贩往来不绝。六堡茶除在穗港销售一部分外，大部分销往南洋怡保及吉隆坡一带，在这些地区六堡茶声誉卓著。大约100年前六堡茶就已经是流落南洋的中国人化解乡愁的信物。晚清时期，以两广、福建、海南籍为主的大量华工进入南洋各地，主要从事开矿、垦荒、种植、制糖等重体力工作。这些华工多来自岭南地区，自身就有着饮茶的习惯，而且在南洋地区，酷热溽暑的工作生活环境使得他们迫切需要一种能够解渴除瘴、消暑祛热的饮料。具有消暑化湿、调理肠胃功能且可以长期存放的六堡茶自然成为首选。作为著名的“侨销茶”，六堡茶一直深受东南亚地区民众喜爱。它承载了深厚的历史文化内涵，又承载了海外华人特别是东南亚华人那份浓浓的乡土之情。然而，后因多种原因，六堡茶一度产销一落千丈。直到进入 21 世纪，随着国民生活水平的不断提高，饮茶风气盛行，六堡茶消费需求才得以重新攀升。

近年来，梧州市围绕打造广西千亿元茶产业“半壁江山”的发展目标，坚持规划引领、提质赋能、服务优化、品牌塑造、集聚发展，逐步构建起覆盖全要素的现代茶产业体系，全面推动六堡茶产业高质量发展。六堡茶产业呈现产销两旺、量价齐升的良好势头。当前，梧州市已建设苗圃基地 87 个，其中百亩以上优质种苗基地 11 个，共完成苗圃建设面积 4 330 亩。截至 2023 年底，全市有茶园 31.22 万亩，茶叶专业合作社发展到 269 个，200 多个行政村入股六堡茶产业，带动从业人数 5 万多人，受益村民约 24 万人。

梧州为六堡茶的核心产区，地理位置得天独厚，北回归线正好从城市穿过，是典型的亚热带湿润季风气候。梧州日照充足，气候温暖，雨量充沛，无霜期长，年平均气温 21.1℃，年平均降雨量 1 800 mm。茶树种植区域内高山起伏绵延，空气相对湿度大，为茶树提供了温暖、湿润的优良自然生态环境，正是这种自然条件造就了六堡茶特有的原料品质。

繁育茶苗、扩大茶园、培育茶企、培养茶师、形成茶市、打造茶城，梧州市持续推动六堡茶产业高质量发展，逐渐探索出了一条以茶助增收、以茶促振兴，高质量助推乡村振兴的新路径。“一片叶子富了一方百姓”的致富故事在续写，六堡茶产业已成为乡村振兴的重要抓手。

第二章

茶树的植物学特征特性

茶树植株是由根、茎、叶、花、果实和种子等器官构成的有机整体，各个器官相互依存，相互协调。

一、茶树的根系

茶树根系由主根、侧根、吸收根和根毛组成。主根是由胚根发育向下生长形成的中轴根，有很强的向地性，向土壤深层生长可达 1 ～ 2 m，甚至更深。

当胚根伸长至 5 ～ 10 cm 时，就会发生一级侧根；一级侧根生长发育到一定阶段后，可发生二级侧根；依此类推，从而形成庞大的根系。侧根的前端生长出乳白色的吸收根，其表面密生根毛。主根和侧根呈红棕色，寿命长，起固定、贮藏和输导作用。吸收根的主要作用是吸收水分和无机盐，也能吸收少量的二氧化碳，但其寿命短，不断衰亡更新，少数未死亡的吸收根可发育成侧根。由于主根生长速度不均衡，以及各土层营养条件的差异，侧根发生有一定的节律，使茶树根系出现层状结构，呈螺旋状排列。

由茎、叶、老根或根颈上发生的根为不定根。生产上常利用不定根这一特性，进行茶树的扦插、压条、堆土等营养繁殖，生产经济性状与母株一致的苗木。

茶树根系在土壤中的分布，依树龄、品种、繁殖方式、种植方式、种植密度、生态条件以及农艺措施等不同而有所不同。至一定树龄后，主根生长速度开始减慢，侧根向水平方向发展。吸收根一般分布在地表下 5 ～ 45 cm 土层内，其中 20 ～ 30 cm 土层内是集中分布区。茶树根系具有强烈的向肥性，施肥的方位、深浅位置都会引导根系的生长、发展。茶树根系还具有向湿性、忌渍性、向土壤阻力小的方向生长的特性。

根深才能叶茂，茶树的根系分布状况与生长动态是制订茶园施肥、耕作、灌溉等管理措施的主要依据。

二、茶树的茎

茎是联系茶树根与叶、花、果的轴状结构，成熟茎称主干或枝条，未成熟茎称新梢。主干和枝条构成树冠的骨架。

由于分枝部位不同，茶树可分为乔木型、小乔木型和灌木型 3 种。乔木型茶树，植株高大，有明显主干；小乔木型茶树，植株较高大，基部主干明显；灌木型茶树，植株较矮小，无明显主干。在生产上我国栽培最多的是灌木型和小乔木型茶树。

图2-1　梧州市苍梧县六堡镇野生小乔木型茶树

图2-2 岑溪市南渡镇野生灌木型茶树

图2-3 野生乔木型茶树

茶树枝条按其着生位置和作用可分为主干和侧枝。

（一）主干

主干指根颈至第一级侧枝的部位，是区分茶树类型的主要依据。

（二）侧枝

侧枝是主干上分生的枝条，依分枝级数而命名，从主干上分生出的侧枝称一级侧枝，从一级侧枝上分生出的侧枝称二级侧枝，依此类推，它是衡量分枝密度的重要标志。侧枝按其粗细和作用不同又可分为骨干枝和细枝（也称生产枝）。骨干枝主要由一、二级侧枝组成，其粗度是影响茶树骨架健壮的重要指标之一；细枝是树冠面上生长营养芽的枝条，与形成新梢的数量和质量有着密切的关系。

茶树幼茎柔软，表皮青绿色，着生有茸毛。随着幼茎逐渐木质化，皮色变化会由青绿→浅黄→红棕，即称为枝条。1 年生枝条的茎上出现皮孔，形成裂纹，俗称麻梗。2 ～ 3 年生枝条呈浅褐色，之后色泽逐渐变化，依次为浅褐色→褐色→褐棕色→暗灰色→灰白色。

由于分枝角度不同，茶树树冠

分为直立状、半开展状和开展状（又称披张状）3 种类型。

三、茶树的芽

茶树的芽是枝叶的雏形，其组织结构包括茎尖分生组织及其外围的叶原基、腋芽原基、幼叶等。

茶芽分叶芽（又称营养芽）和花芽两种。叶芽发育为枝条，花芽发育为花。叶芽依其着生部位不同又分为定芽和不定芽，而定芽又分为顶芽和腋芽。生长在枝条顶端的芽称为顶芽，生长在叶腋的芽称为腋芽。一般情况下顶芽芽体大于腋芽，而且生长活动能力强。当新梢成熟后或水分、养分不足时，顶芽停止生长而形成驻芽。驻芽及尚未活动的芽统称为休止芽或休眠芽。正常生长活动的芽称为生长芽。不在梢的顶端或叶腋的叶芽称为不定芽，不定芽又称潜伏芽，多在茶树衰老或创伤后萌生于茶树茎或根颈处。

茶芽按形成季节分冬芽与夏芽。冬芽较肥壮，秋冬形成，春夏发育；夏芽细小，春夏形成，夏秋发育。冬芽外部包有鳞片 3 ～ 5 片，表面富含蜡质并着生茸毛，能减少水分散失，并有一定的御寒作用。

图2–4　苍梧县群体种绿色芽

图2–5　苍梧县群体种紫芽

图2–6　苍梧县群体种黄紫色芽

四、茶树的叶

茶树叶片分鳞片、鱼叶和真叶 3 种类型。鳞片无叶柄，质地较硬，呈黄绿或棕褐色，表面有茸毛与蜡质，随着茶芽萌展，鳞片逐渐脱落。鱼叶是发育不完全的叶片，其色较淡，叶柄宽而扁平，叶缘一般无锯齿，或前端略有锯齿，侧脉不明显，叶形多呈倒卵形，叶尖圆钝。每轮新梢基部一般有鱼叶 1 片，多则 2 ～ 3 片，夏秋梢无鱼叶的情况也时有发生。

真叶是发育完全的叶片，形状一般为椭圆形或长椭圆形，少数为卵形和披针形。叶片形态以叶形指数（平均叶长 / 叶宽，测定叶片基部至叶尖长度、叶片最大宽度）来区分，参照植物学叶形划分标准：长椭圆形，长宽比为 3 ～ 4；椭圆形，长宽比为 2 ～ 3；卵圆形，长宽比为 1.5 ～ 2，最宽处不在叶的中部。叶色有淡绿色、绿色、深绿色、黄绿色、紫绿色，与茶类适制性有关，叶尖尖凹是茶树分类依据之一，分急尖、渐尖、钝尖、圆尖等，叶面有平滑、隆起与微隆起之分。隆起的叶片，叶肉生长旺盛，是优良品种特征之一。叶缘有锯齿，呈鹰嘴状，一般 16 ～ 32 对，随着叶片老化，锯齿上腺细胞脱落，并留有褐色疤痕，这也是茶树叶片特征之一。叶面光泽性有强弱之分，光泽性强的属优良特征。

图2–7　岑溪野生茶成熟叶片

茶叶主脉明显，主脉再分出细脉，连成网状，故称网状脉。侧脉以大于45° 角伸展至叶缘约 2/3 的部位，向上弯曲与上方侧脉相连接。侧脉对数因品种而异，多的 10 ～ 15 对，少的 5 ～ 7 对，一般 7 ～ 9 对。

叶片大小以定型叶的叶面积来区分，凡叶面积 > 50 cm^2 的属特大叶，28 ～ 50 cm^2 的属大叶，14 ～ 28 cm^2 的为中叶，<14 cm^2 的为小叶。叶面积计算公式为：

$$叶面积（cm^2）= 叶长（cm）\times 叶宽（cm）\times 系数（0.7）$$

本计算公式中常用系数为 0.7。

五、茶树的花

茶树花属完全花，两性，虫媒花，主要依靠昆虫传播花粉。茶树花由花托、花萼、花冠、雄蕊群和雌蕊组成。花托圆平，花萼颜色绿色或绿褐色，通常 5 ～ 7 片。花冠白色，少数粉红色，一般由 5 枚花瓣组成。花冠大小依品种而异。基部有腺体，可以分泌蜜汁和香气，吸引昆虫传送花粉，为有性繁殖创造条件。每朵花一般有 200 ～ 300 枚雄蕊，由花丝和花药构成。雌蕊

图2-8　冬季开满茶花的茶树

图2-9　粉红色茶树花

位于雄蕊中央，分子房、花柱、柱头三部分，子房内分 3 ～ 5 室，大都着生茸毛；柱头能分泌黏液，易于黏着花粉粒。茶树花大小不一，大的直径在 5 ～ 5.5 cm，小的 2 ～ 2.5 cm。六堡茶茶树花的花期在当年 10 月至翌年 3 月。

六、茶树的果实与种子

茶果为蒴果，成熟时果壳开裂，种子落地。果皮未成熟时为绿色，成熟后变为棕绿色或者绿褐色。果皮光滑，厚度不一，薄的成熟早，厚的成熟迟。茶果形状和大小与茶果内种子粒数有关，着生 1 粒种子时，其果为球形；着生 2 粒种子时，其果为肾形；着生 3 粒种子时，其果呈三角形；着生 4 粒种子时，其果为正方形；着生 5 粒种子时，其果似梅花形。

茶籽大多数为棕褐色或黑褐色，茶籽形状有近球形、半球形和肾形，以近球形居多，半球形次之，肾形茶籽只在西南少数品种中发现，在六堡茶中极为少见。茶籽大小依品种而异，大粒茶籽直径 15 mm 左右，中粒直径 12 mm 左右，小粒直径 10 mm 左右。茶籽重量差异也明显，大粒 2 g 左右，中粒 1 g 左右，小粒 0.5 g 左右。茶籽由种胚和种皮两部分组成。种胚由胚根、胚茎、胚芽和子叶四部分组成。种皮分内、外种皮，内种皮之下有一层由拟脂质形成的薄膜。种子发芽时，膜上的脂类物质均被分解，采用 25 ～ 28℃温水处理，可以加速脂类物质的分解过程，使种子提前发芽。

图2-10　茶树上的茶果

图2-11　成熟茶果与茶籽

七、茶树的生命周期

茶树从生到死的整个生命周期长达百年，一般有经济价值的时间为 50 年左右，有的茶树虽年满百岁，仍能获得一定产量。茶树的生长发育过程大致上可分为幼苗期、幼年期、成年期和衰老期四个阶段。

（一）幼苗期

茶树幼苗期是指从茶籽萌发到幼苗出土直至第一次生长休止的时期，或从利用茶树枝条进行扦插到形成完整独立的植株的时期，这一时期需要 4 ～ 8 个月。

适宜的温度、充足的水分和通气良好的土壤环境，是茶籽萌发的 3 个基本条件。扦插苗在生根前主要依靠茎、叶中贮藏的物质营养，发根前应控制水分的供给和光照强度；发根后，根可以从土壤中吸收养分，此时应保证水、肥供应，促进插穗的生长发育。

茶树在幼苗期容易受到恶劣环境的影响，如高温、干旱等。此时的茶苗不耐强光，对光照的要求不高，叶片细嫩，容易散失水分，根系伸展不深，没有分出较多的侧根，很难抵御干旱。因此在栽培管理上，应及时供应水肥，保证新植园地全苗、壮苗。

图2-12　扦插苗幼苗期茶树

图2-13　茶籽直播幼苗期茶树

图2-14 幼年期茶树

（二）幼年期

从第一次生长休止到茶树基本定型投产为止，称为茶树的幼年期，在一般栽培管理条件下需要 3 ～ 5 年时间。幼年期茶树的生育特点是：可塑性强，营养生长旺盛。这一时期是茶树生长发育的基础阶段，茶树的各器官都比较幼嫩，特别是 1 ～ 2 年生的茶树，对各种自然灾害（如干旱、冷冻、病虫）的抗性都较弱，要注意保护。幼年期茶树培育管护的好坏，直接影响以后茶叶的产量和品质。

幼年期必须抓好定型修剪，抑制其主干向上生长，促进侧枝生长，培养粗壮的骨干枝，形成浓密的分枝树型。同时，要求土壤深厚、疏松，使根系分布深广。幼年期是培养树冠采摘面的重要时期，绝对不能乱采，以免影响茶树的生育机能。

（三）成年期

从树体基本定型投产到茶树第一次自然更新为止，称为茶树的成年期。

我国多数茶产区茶树的成年期一般为 20 ～ 30 年。成年期茶树的生育特点是生长旺盛，营养生长和生殖生长都达到盛期，这是茶树一生中最有经济价值的时期。

茶树成年期在抓好肥、水、采的同时，采用轻修剪和深修剪交替的方法更新树冠，整理树冠面，清除树冠内的病虫枝、枯枝和细弱枝。尤其是投产初期，注意管理树冠，使采摘面迅速扩大，配合其他综合栽培管理技术，尽量延长这一时期的年限。

（四）衰老期

衰老期是从茶树出现第一次自然更新到最后衰老死亡为止，是茶树生命活动中延续时间最长的一个时期。衰老期茶树的生育特点是：育芽能力渐趋衰退，树冠分枝开始减少，根颈出现自然更新现象，逐步以徒长枝代替衰老枝。地下部吸收根减少，细小的侧根开始死亡，茶叶产量和品质逐渐下降，开花虽然较多，但结实率较低。

图2-15　成年期茶园

图2-16　进入衰老期的六堡茶茶树

这一时期应在加强肥培管理的同时，根据茶树生长情况分别采用深修剪、重修剪、台刈等方法，促发新的枝条，使茶树重新形成树冠，茶叶产量和品质回升。根据茶树生长情况，隔一定年限重新复壮一次，但人工栽培的茶树，经过一定年限以后，茶树逐渐向衰老的方向发展，直至完全失去再生能力而死亡，因此经过数次台刈更新后应果断改植换种。

八、茶树生长的年变化

茶树除了一生的规律性变化外，每年还随着环境条件的周期性变化，进行萌芽发枝、开花结实等生命活动。也就是说，茶树的年生长发育周期就是指其一年中地上部分的萌发、生长、休眠、开花、结实及地下根系的生育更新活动过程。

（一）根系活动

受气温、土壤的影响，茶树根系的生长活动情况也有所不同。在年生长周期中，地上部分和地下部分的生长交替进行。春季气温 10℃以上时，茶树根系生长迅速，10 月前后地上部分渐趋休眠，此时为根系生育最活跃的阶段。根系死亡更新主要在 12 月至翌年 2 月休眠期内进行。担负着吸收功能的根系不断更新，使得茶树保持旺盛的生命力。

（二）新梢萌发生长

当日平均气温达到 10℃以上时，茶树新梢开始萌动生长，其过程为叶芽分化—芽体膨胀—鳞片展开—鱼叶开展—真叶开展—驻芽形成。新梢不采摘，休止一段时间后，驻芽又会生长，这样重复生长 2 ～ 3 次。第一次越冬萌芽—生长—休止形成的是春梢，由于树体储存的养分足，春梢一般萌发整齐且旺盛；第二次生长到休止形成的为夏梢；第三次生长的为秋梢，夏秋季节气温虽高，但树体养分积累相对不足，如遇旱季就会影响新梢的生长。因此需根据不同时期的要求，进行农业技术措施的调整。

（三）开花结实

一般茶树从第 3 ～ 5 年开始开花结实，直至茶树死亡。茶树的花芽大多是每年 6 月在当年或隔年生枝条的叶腋间陆续分化而成，花芽经过花蕾形成，10—11 月进入盛花期，次年果实成熟，从花芽分化到种子成熟，前后需 15 ～ 16 个月，这就是茶树上有趣的花、蕾、果共存现象。

开花结实还受茶树年龄和环境条件影响，幼年茶树的结实少于老年茶树；在环境条件优越的情况下，幼年茶树营养生长旺盛，开花结实少；在不良环境条件（如干旱、寒冻、土层浅薄、管理水平低等）下生长的幼年茶树，常会早衰而提早开花结实。

图2–17　开满花的幼龄茶树

第三章
茶树品种介绍及选择

茶树品种是决定茶园产量、鲜叶质量和成茶品质的重要因素。建园时应首先考虑选择良种茶树。

在实际生产中要根据茶类，结合生态条件以及各优良品种的适应性和适制性特点，确定主要栽培品种以及进行品种的合理搭配，科学利用不同良种的特点，扬长避短，充分发挥不同茶树良种在产量、品质、抗逆性以及提高劳动生产率等方面的综合效应。

一、茶树品种的选用原则

在茶树品种选用上，注意考虑以下几点：

（1）充分了解建园地的生态条件，特别是土壤、光照、温度、水分、植被、天敌以及病虫害的现状，选择与之相适应、抗性强的茶树品种。

（2）明确企业规划，确定适宜发展茶类的品种，选择适制性好、品质优异且互补的茶树品种进行搭配。如果只发展六堡茶，则应选择适制六堡茶的茶树品种。

（3）在满足生态条件和适制六堡茶的前提下，茶树品种应尽可能多样化，充分利用不同茶树品种品质的多样性，提高成茶品质。

（4）选用适宜机械化生产的无性系品种为茶园的主栽品种，实现茶园机械化生产，特别是茶叶采摘机械化，可降低劳动强度，提高劳动效率。机械化生产已成为解决目前茶园管理中劳动力不足问题的重要措施。因此在品种选择中，应选用适宜机械化的无性系品种为茶园的主栽品种。

图3-1　机械化管理的标准化茶园

二、茶树品种的合理搭配

中国茶树品种十分丰富，为适应各地生长环境和适制各大茶类提供了丰富的种质资源。但不同的茶树品种，其春茶发芽迟早、生长快慢、内含物品质成分等差异很大。为了发挥品种的协同作用，避免茶季“洪峰”，合理安排劳动力和充分利用制茶机，所种植的品种要科学搭配。

（一）萌芽期不同的品种搭配

不同品种茶树的萌芽期不同，进行不同萌芽期品种的合理搭配，可以延长生产季节，有效调节茶叶生产的“洪峰”，缓解相同品种同时萌发带来的茶季劳动力、机械设备不足的矛盾，保证茶叶质量。同时，不同萌芽期品种的搭配，在一定程度上能避免品种单一性造成的病虫害快速蔓延和其他自然灾害的扩散，减少病虫害和其他自然灾害带来的损失。一般生产单位都愿意选用春季茶芽萌发早的品种。同时在生产上注意茶叶色泽一致或相近的品种搭配，百芽重相近的品种搭配，便于茶叶加工和成茶外形、色泽及叶底的一致性。

图3-2 不同品种茶树搭配的茶园

（二）不同品质特性的品种搭配

茶叶品种的生化成分直接关系到成茶品质，要利用品种间品质成分的协同作用，使鲜叶原料相互取长补短，提高产品质量。

三、茶树品种的适制性

茶树品种的适制性是生产上用种重点考虑的指标之一。所谓茶叶的适制性，就是根据茶树的品种、鲜叶的采摘季节、加工的工艺等特点，制成最符合消费者感官要求的茶类产品，即在不同茶树品种、不同采茶季节、不同加工方式等条件下制作某一特定茶类的特性和程度。

适制性可以通过对芽叶的物理特性观察和化学特性测定进行间接评估，这在茶树品种选育的早期尤其常用。

物理特性：是指茶树新梢上芽叶的肥瘦、大小，叶色、叶质，叶片厚薄、柔软程度、嫩度、茸毛等的特征和状态，它与成品茶的外形品质息息相关。叶片小、叶张厚、叶质柔软、细嫩、色泽深绿、茸毛多的品种，宜制显毫型的绿茶；芽叶纤细、叶色黄绿或浅绿、茸毛少或中等偏少的品种，宜制少毫型的龙井类扁形绿茶；叶片大、节间长、芽头肥壮、芽叶黄绿色、茸毛多、叶面隆起、叶质软、叶张薄的品种，宜制红茶。

化学特性：是指芽叶中化学成分的组成和含量，它是形成茶叶色香味的物质基础。一般茶多酚含量高，且茶多酚与氨基酸的比值（简称酚氨比）大的品种，制红茶品质优；而氨基酸含量高，茶多酚含量适宜（16%～24%），且酚氨比小的品种，制绿茶品质优。

在生产中，茶树品种的适制性一般通过将同一品种的鲜叶制作成不同类别的茶叶根据感官评价直接鉴定，采取评分与评语相结合的方法。分数的高低直接反映出品种品质的优劣，即一个品种对某一茶类适制性的大小，而相应的评语则可以描绘出不同品种的制茶品质特点。不同茶类的品质要求不一样，而每一品种固有的适制性又制约着茶叶的品质，加之不同品种间的适制性差异较大，适制绿茶的品种不一定适制红茶，适制显毫型绿茶的品种不适宜制作少毫型绿茶。

四、适制六堡茶的茶树品种

随着六堡茶产业的发展，引进、选育六堡茶专用型茶树品种已非常必要。研究表明，茶多酚、儿茶素总量、水浸出物等含量高的茶鲜叶制成的黑毛茶往往滋味浓厚。另外，粗纤维、还原性糖与六堡茶品质也有着很强的相关性。六堡茶产业近几年发展非常迅猛，行业内以及消费者都非常关注六堡茶适制品种。各地应根据市场需求，结合实际情况，选择适宜的茶树品种。适制六堡茶的茶树品种包括但不局限于以下品种。

（一）苍梧县群体种

种属：中、小叶种为主，少数大叶种，以灌木型和小乔木型中小叶种为主，少有乔木型大叶种。

来源及分布：苍梧县群体种是广西地方有性系群体种，现主要分布于苍梧县六堡镇、狮寨镇及藤县金鸡镇等地，长洲区、万秀区等地也有少量分布，以苍梧县最为集中。

特征：树姿多开展，分枝较密；叶片多为上斜状着生；叶椭圆形或长椭圆形，少数近圆形，稀见披针形；叶色绿至深绿，常见紫色芽叶，茸毛少或无；叶身平或微隆起；叶缘平或微波状；叶齿浅、中，稀见深、锐锯齿；叶质较厚、柔软。花白色，花冠直径3.9 cm，花瓣6～8瓣，花柱3裂，子房多茸毛，结实性强。

特性：苍梧县群体种的水浸出物含量为46.6%～56.4%，茶多酚32.2%～49.7%，氨基酸2.7%～5.2%，咖啡碱2.7%～6.6%，儿茶素17.5%～24.6%。丰富的内含物质尤其是高茶多酚，体现出该地方品种适制六堡茶，所制出的六堡茶滋味浓厚，品质独特。

栽培技术要点：深挖种植沟，施足基肥，育苗移栽，采用双行双株种植，每亩种植3 000株左右。

群体种茶树具有适应性好、制茶口感丰富等特点，但由于性状混杂、产量和品质参差不齐，对现代化生产和品质控制都极为不利。随着科技的发展，人们越来越认识到优良品种对于生产的意义。由于无性系良种具有种性均匀、发芽整齐、树冠平整、适宜茶园机械化的推广等优势，以及在提高产量、改善品质、抗逆性和抗病虫强等方面的优秀表现，生产上对于良种的需求逐渐增大，因此适制六堡茶良种茶树的选育对于六堡茶的生产非常重要。

图3-3 不同芽叶颜色的苍梧县群体种

（二）云南大叶种

1. 勐库大叶茶

有性系。乔木型，大叶类，早生种。

来源及分布：原产于云南省双江县勐库镇。在云南西部、南部各产茶县广泛栽培，为云南省主要栽培品种之一。四川、贵州、广东、广西、海南、湖南等有引种。1985 年全国农作物品种审定委员会认定为国家品种，编号 GS13012—1985。

特征：植株高大，树姿开展，主干明显，分枝较稀，叶片呈水平或下垂状着生。叶特大，长椭圆形或椭圆形，叶色深绿，叶身背卷或稍内折，叶面强隆起，叶缘微波状，叶尖骤尖或渐尖，叶齿钝、浅、稀，叶肉厚，叶质较软。芽叶肥壮，黄绿色，茸毛特多。一芽三叶百芽重约 121.4 g。花冠直径 2.9 ~ 4.2 cm，花瓣 6 瓣，子房茸毛多，花柱 3 裂。果径 1.3 ~ 2.8 cm，种皮黑褐色，种径 1.0 ~ 1.5 cm，种子百粒重约 183.6 g。

特性：芽叶生育力强，持嫩性强。产量较高，亩产可达 180 kg 左右。春茶一芽二叶干样含氨基酸 1.7%、茶多酚 33.8%、儿茶素 18.2%、咖啡碱 4.1%。抗寒性强，结实性弱，扦插繁殖力较强。

适栽地区：年降雨量 1 000 mm 以上、最低温度 −5℃的西南、华南茶区。

栽培技术要点：深挖种植沟，施足底肥，育苗移栽，采用双行单株种植，每亩种植 2 000 株左右，严格多次低位定型修剪。

2. 凤庆大叶茶

有性系。乔木型，大叶类，早生种。

来源及分布：原产于云南省凤庆县。在云南南部、西部茶区广泛栽培。四川、广东、广西、海南、福建等地曾经引种。1985 年全国农作物品种审定委员会认定为国家品种，编号 GS13013—1985。

特征：植株高大，树姿开展或半开展，主干明显，分枝较稀，叶片呈水平或上斜状着生。叶椭圆形，叶色绿，富光泽，叶身稍内折，叶面隆起，叶缘波状，叶齿稀浅，叶肉厚，叶质软。芽叶较肥壮，绿色，茸毛特多，一芽三叶百芽重约 119 g。花冠直径 3.2 ～ 4.5 cm，花瓣 6 ～ 7 瓣，子房茸毛多，花柱 3 ～ 4 裂。果径 2.2 ～ 3.5 cm，种径 1.5 ～ 2.1 cm，种子百粒重约 169 g。

特性：芽叶生育力强，持嫩性强。春茶一芽三叶盛期在 3 月下旬或 4 月上旬。产量较高，亩产可达 140 kg 左右。春茶一芽二叶干样含氨基酸 2.9%、茶多酚 30.2%、儿茶素 13.4%、咖啡碱 3.2%。抗寒性较强。结实性强。

适栽地区：年降雨量 800 mm 以上、最低温度 −5℃的西南、华南茶区。

栽培技术要点：深挖种植沟，施足底肥，育苗移栽，采用双行单株种植，每亩种植 2 000 株左右，严格多次低位定型修剪。

3. 勐海大叶种

有性系。乔木型，大叶类，早生种。

来源及分布：原产云南省勐海县南糯山。主要分布在云南南部。四川、广西、贵州、广东等有引种。1985 年全国农作物品种审定委员会认定为国家品种，编号 CS13014—1985。

特征：植株高大，树姿开展，主干明显，分枝较稀，叶片呈水平或上斜状着生。叶特大，长椭圆形或椭圆形，叶色绿，富光泽，叶身平微背卷，叶面隆起，叶缘微波状，叶尖渐尖或急尖，叶齿粗齐，叶肉较厚，叶质较软。芽叶肥壮，黄绿色。茸毛多，一芽三叶百芽重约 153.2 g。花冠直径 3.5 cm，花瓣 7 ～ 8 瓣，子房茸毛多，花柱 3 ～ 4 裂。果径 2.7 ～ 3.1 cm，种皮黑褐色，种径 1.1 ～ 1.5 cm，种子百粒重约 190.5 g。

特性：芽叶生育力强，持嫩性强，新梢年生长 5 ～ 6 轮。产量高，亩产可达 200 kg 左右。春茶一芽二叶干样含氨基酸 2.3%、茶多酚 32.8%、儿茶素 18.2%、咖啡碱 4.1%。抗寒性较强，结实性弱。

适栽地区：年降雨量 1 000 mm 以上、最低温度 –5℃的西南、华南茶区。

栽培技术要点：深挖种植沟，施足底肥，育苗移栽，采用双行单株种植，每亩种植 2 000 株左右，严格多次低位定型修剪。

4. 云抗 10 号

无性系。乔木型，大叶类，早生种。

来源及分布：由云南省农业科学院茶叶研究所于 1973—1985 年从勐海县南糯山群体种中采用单株育种法育成。在云南西双版纳、普洱、临沧、保山等地有大面积栽培，四川、贵州等有引种。1987 年全国农作物审定委员会认定为国家品种，编号 GS13020—1987。

特征：植株高大，主干明显，树姿开展，分枝密，叶片呈稍上斜状着生。叶长椭圆形，叶色黄绿，叶身稍内折，叶面微隆起，叶尖骤尖，叶齿粗浅，叶肉较厚，叶质较软。芽叶黄绿色，茸毛特多，一芽三叶百芽重 120 g。花冠直径 4.50 ～ 4.99 cm，花瓣 6 ～ 7 瓣，子房有茸毛，花柱 3 裂。

特性：芽叶生育力强，新梢生长快，年生长 5 ～ 6 轮。春茶开采期在 3 月上旬，一芽三叶盛期在 3 月下旬。产量高，亩产可达 250 kg。春茶一芽二叶干样含氨基酸 2.51%、茶多酚 37.83%、儿茶素 19.48%、咖啡碱 4.87%。抗寒、抗旱性及抗茶饼病均比云南大叶群体种强。扦插发根力强，成活率高。

适栽地区：西南、华南茶区最低温度 −5℃以上茶区。

栽培技术要点：深挖种植沟，施足底肥，育苗移栽，采用双行单株种植，每亩种植 2 000 株左右。茶苗移栽后要适当遮阴。严格定型修剪。第一次离地面 10 cm 处剪去主枝，侧枝不剪；第二次离地面 25 cm 处、第三次离地面 40 cm 处、第四次离地面 60 cm 处剪去主枝。投产后及时防治茶小绿叶蝉和茶饼病。

（三）广西群体种

1. 安塘大叶种

属乔木或小乔木型的大叶种。

产地和分布：原产于广西南宁上林县安塘乡。该品种为野生型地方群体种，主要分布在南宁地区。

特征：原产地茶树高 120 cm，树幅 150 ～ 200 cm，树姿开展，主干围径 10 ～ 30 cm，最低分枝高 10 ～ 15 cm；分枝密度中，节间 2.5 ～ 6.5 cm。叶片上斜或水平状着生；叶长 14.7 cm，叶宽 6.2 cm，成叶的 1/2 或 1/3 近基部无锯齿，叶身平展或稍内卷，叶质较硬脆，叶端渐尖，叶形椭圆或长椭圆，叶色深绿，有光泽，叶面隆起；叶侧脉 12 ～ 13 对。新梢紫芽较多，发现个别老茶树侧根上有长出新茶树的现象。花冠直径 4.1 cm，属大花种，花白色，偶有粉红色。花萼 5 片，有稀疏茸毛；花瓣 6 ～ 8 瓣，雄蕊 128 ～ 174 枚，淡黄色，花柱长 1.6 cm，柱头 3 裂，子房有茸毛。始花期在 10 月中旬，盛花期在 11 月上旬至下旬，终花期在 12 月上旬。结实能力中等。种子成熟期在 10 月中旬。茶果直径 2 ～ 3.7 cm，果皮绿褐色，果实大都为肾形或三角形；果柄长 0.4 ～ 0.7 cm，果皮厚 1 ～ 1.5 cm；每果 5 室，每室 1 ～ 2 粒种子。种子多为圆形，少数半圆形，棕褐色，直径 1.6 ～ 1.9 cm。

特性：在桂林种植的数据显示，水浸出物占 46.04%，茶多酚 30.64%，氨基酸 3.09%，咖啡碱 4.84%，儿茶素 18.24%。发酵性一级。产量较低，抗寒性中，抗旱性较强。

栽培技术要点：深挖种植沟，施足底肥，育苗移栽，采用双行单株种植，每亩种植 2 000 株左右。该种群体顶端优势强，树势直立，在幼龄期应进行低位修剪，培养丰产树冠。注意品种要去杂去劣，提纯复壮。

2. 龙脊大叶种

属小乔木或乔木大叶种。

产地和分布：原产于广西桂林龙胜各族自治县和平乡龙脊村等地，在历史上曾为贡品。分布于龙胜、兴安、灵川、临桂和大苗山等地的山岭中。

特征：野生型龙脊大叶种为小乔木或乔木，树势高大，在原产地主干围径约 50 cm，最粗达 80 cm 以上，树高 900 cm，树幅 360 cm，最低分枝高度 50～150 cm；最大叶长 20.5 cm，宽 7.3 cm。嫩芽梢呈黄绿色，少数为紫芽，芽叶少茸毛。

花冠直径 4.6 cm，花萼 5 片，有茸毛；花瓣 6～7 片，花柱长 1.2～1.5 cm，柱头多为 3 裂，少数 4 裂，子房有茸毛，雄蕊 160～253 枚，花粉鲜黄。始花期在 9 月下旬，盛花期在 10 月中旬至 11 月中旬。结实能力较强；种子成熟期在 10 月中旬前后。茶果直径 1.7～3.3 cm，果皮棕绿色，果形多为三角形或肾形；果柄长 0.5～1.1 cm，果皮厚 1.0～1.5 mm；每果 1～4 室，每室 1 粒种子。种子多为圆形，棕褐色，直径 1.0～1.5 cm。

特性：育芽能力较强，一芽三叶长 8.6 cm，重 0.6 g。在桂北发芽期为 3 月上、中旬，开采在 3 月下旬至 4 月上旬，属早芽种，10 月下旬停采。氨基酸含量 3.6%，咖啡碱 4.6%，儿茶素 18.31%。在桂林种植的数据显示，春茶鲜叶水浸出物含量 45.9%，茶多酚 30.18%。发酵性能一级，适制红碎茶和六堡茶等。制红碎茶，滋味浓强，汤色红亮，有特殊花香。由于叶片较厚，蜡质层厚，加工过程中萎凋叶含水量宜控制在 68% 左右；加重力充分揉捻和揉切，以提高细胞破损率。制六堡茶，按一般制法，堆沤后发酵要充分。毛茶存两年后仍有桂圆甜香，滋味浓醇。

栽培技术要点：龙脊大叶种产量偏低，是较抗寒的大叶品种之一，但抗茶瘿螨能力弱。由于该品种长期生长在气候温和湿润、日

图3-4 龙脊大叶种野生茶

图3-5 乔木型龙脊大叶种野生茶

照时间短的高山地区，茶树适应性较差，扦插成活率低，可采用茶籽直播。

种植规格：双行双株，每亩种植3 000株左右。性状比较混杂，采种时要注意选种。

藏，贮藏适宜温度是 5 ～ 7℃，相对湿度 60% ～ 65%，含水量保持 30% 左右。

茶籽贮藏根据时间长短分为短期贮藏和长期贮藏。短期贮藏是指一个月内的贮藏，可用麻袋盛装，置于室内干燥阴凉处，斜靠排列，不要堆积。也可以直接摊放于地面不还潮的阴凉房内，摊放厚度为 15 cm 左右，上用稻草覆盖，以防过度干燥。

长期贮藏常采用的办法是沙藏法，该方法储存时间一般不超过 6 个月。沙藏法有以下几种：

堆藏

在阴凉干净的室内，底层铺细沙，种子与细沙分层铺放，每层厚度均为 3 cm，堆高 30 cm，宽度 1 m 左右，最上面覆盖稻草，保持一定湿度。贮藏堆中间插入通气竹管。

图4–3　有性繁殖苗圃（播种）

图4-4　有性繁殖苗圃（幼苗）

沟藏

种子量大时，在室外缓坡地，挖宽 100 cm、深 25 ~ 30 cm 的沟，沟底铺 5 ~ 10 cm 厚的干草或细沙，后分层铺种子和干草，种子厚度 20 cm，干草厚度 5 ~ 10 cm，做成中高 70 cm 的屋脊形土堆，每隔 2 m 安置一个通气筒，四周开深约 30 cm、沟底宽约 40 cm 的排水沟。

畦藏

在室外干燥处做畦，上铺 3 cm 厚的沙，再铺 2 ~ 3 cm 厚的种子，连续铺 2 ~ 3 层，覆盖黄泥 3 ~ 5 cm，稍加压实。播种时将种子筛出。

二、无性繁殖

（一）无性繁殖的分类

无性繁殖也称营养繁殖，是利用营养器官或体细胞等繁殖后代的繁殖方式，主要种类有扦插、分株、嫁接、压条和组织培养等方法。

茶树扦插繁殖在我国有 200 多年的历史，是目前我国茶树良种无性繁殖的主要方法，其中短穗扦插繁殖效率较高，管理方便，在茶树繁殖中占有重要地位。

茶树分株目前在生产上主要用于茶园补植；嫁接主要用于低产茶园改造；压条在无性繁殖中历史最久，这种方法育苗成活率高，茶苗生长速度快，操作技术简易，不需特殊设备和苗圃，但繁殖系数低，对母树产量影响较大；组织培养和细胞培养也属于无性繁殖方式，目前在茶叶生产中还未进入生产实用化阶段。

（二）茶树无性繁殖的特点

无性繁殖不经过雌、雄繁殖细胞的融合过程，后代能完全保持母体的遗传特性。与有性繁殖相比，无性繁殖有如下特点：

（1）无性繁殖后代能保持母体品种的特征特性。

（2）无性繁殖后代性状一致，有利于茶园的管理和机械化作业，特别是有利于机械化采茶，其鲜叶原料均匀一致，有利于保证和提高茶叶加工品质。

（3）繁殖系数大，有利于迅速扩大良种面积，同时克服某些不结实良种在繁殖上的困难。

（4）技术要求高，成本较大，苗木包装运输不方便。

（5）母树的病虫害容易传给后代。

（6）扦插繁殖的根系是须根系，苗木的抗逆能力比实生苗要弱。

（三）采穗园的建立和穗条的培养

推广无性系良种，首先要建设好采穗母本园，以提供优质插穗。在正常的培育管理条件下，6～10年生的母本园，每公顷可产穗条9 000～18 000 kg，可供2～3 hm^2 苗圃扦插，可繁殖苗木450万～600万株，可种植70～100 hm^2 茶园。在建母本园时，可根据苗圃地面积或生产单位用苗数按上述参数计算苗圃配套母本园。

我国采穗母本园多为生产、养穗兼用园，春茶生产后留养新梢。因此，养穗母本园茶树种植规格及幼龄期的管理，均与采叶茶园相同。

母本园对品种纯度的要求更高，建母本园所用的苗木必须是原种无性系苗。为了保证良种的纯度和获取多而壮的枝条，必须采取必要的去杂措施，以保证品种纯度达到100%，同时加强对母树和新梢的培育工作，具体要做好以下几方面：

1. 修剪

通过修剪措施保障抽穗的健壮，按树势进行不同程度的修剪，树势强的进行轻修剪，树势弱的进行深修剪，树势差的要重修剪或者台刈；夏季扦插在早春（2—3月）修剪，秋冬扦插在春茶结束后修剪。修剪时剪去距地面40～50 cm的上部枝条，同时剪掉拖地枝和弱枝。

2. 施肥

采穗园施肥水平要高于生产茶园，重施基肥，修剪和采穗后及时追肥。增加磷、钾肥的比例，氮磷钾比例建议2∶1∶1。

3. 及时防治病虫害

在新梢生育过程中，特别要注意假眼小绿叶蝉、螨类、茶尺蠖、茶叶象甲等的危害，防止病虫害传播到异地。

4. 打顶

扦插前10～15天需要对穗条进行打顶，摘去顶部一芽二叶或对夹叶新梢，以促新梢增粗，上部柔软枝条老化。

（四）苗圃的建立

1. 苗圃的选址

（1）位置：苗圃应建在交通便利、水源充足的地方，远离污染源，靠近采种园或采穗园。

（2）土壤：苗圃地土壤通透性好，疏松，微酸性红、黄壤的沙壤土、壤土或轻黏壤土为好，pH 在 4.0 ~ 5.5 为宜。

（3）地势：要求地势平坦，地下水位低，雨季不积水，旱季易灌溉。

2. 苗圃的建设

（1）土壤翻耕

为改良土壤理化性质，提高土壤肥力，消灭杂草和病虫害，苗圃地要进行一次全面的翻耕，深度在 30 ～ 40 cm。翻耕一般结合施基肥进行，按每公顷 22 500 ～ 30 000 kg 腐熟的厩肥或 2 250 ～ 3 000 kg 腐熟的茶饼量，在翻耕前将基肥均匀撒在土面上，翻耕后打碎土壤，地面耙平待做畦。

图4-5 苗圃地翻耕

（2）苗畦整理

扦插苗畦的规格以长 15 ～ 20 m、宽 100 ～ 130 cm 为宜，过长管理不便，过短则土地利用率不高；过宽苗床容易积水，过窄则土地利用不经济。畦的高度随地势和土质而定，一般平地和缓坡地，畦高 10 ～ 15 cm，水田或土质黏重地，高 25 ～ 30 cm，畦沟底宽 30 cm 左右，面宽 40 cm，苗地四周开设排水沟，沟深 25 ～ 30 cm，沟宽 40 cm 左右。开沟做畦前先进行一次 15 ～ 20 cm 深耕，剔除杂草，碎土，然后做畦，待铺心土。

（3）铺盖心土

苗床铺上红壤或黄壤心土，育苗成活率高。苗床整理好后，在畦面铺上经 1 cm 孔径筛过的心土 3 ～ 5 cm。心土要求 pH4.0 ～ 5.5。铺心土要求均匀，铺后稍加压实使畦平整，利于扦插时插穗与土壤充分接触。在红、黄心土取用不便的地方，也可以用其他心土，要求土壤酸性，质地疏松，有良好的通透性。

图4-6 苗床整理和铺盖心土

随着劳力成本的增加，近年茶树无心土短穗扦插育苗技术有了较多的研究和推广。具体做法是做畦时对土壤进行消毒，防除地下害虫，土壤处理后隔 1 周以上再进行扦插，以免插穗受害。

（4）搭棚遮阳

为避免阳光的强烈照射，降低畦面风速，减少水分蒸发，提高插穗成活率，扦插育苗必须搭棚遮阳。除少数茶园用铁芒萁等直接插在苗畦中遮阳外，大多数茶区采用荫棚遮阳。各地采用的遮棚形式多样，可以根据实际情况选择。以高棚和矮棚为例。

高棚：用直径 8 ～ 10 cm 的木柱或 13 cm × 13 cm 的水泥柱做立柱，柱高 1.8 ～ 2 m，柱间距 3 ～ 4 m，柱子间用铁丝拉紧，构成网架。也可搭建钢结构棚架，

图4-7 搭有遮阳网的苗圃

图4-8 搭有矮棚的苗圃

立柱间距 4.0 ～ 6.0 m，柱高 2.0 ～ 3.0 m。外覆盖遮光率 75% 的黑色遮阳网。

矮棚：沿畦长方向按 0.8 ～ 1.0 m 的间距搭置棚架，弧形棚架中间高 40 ～ 50 cm，平棚架高 30 ～ 40 cm。覆盖遮光率 75% 的黑色遮阳网。

苗圃应因地制宜，合理规划排灌系统，有条件的地方采用喷灌系统进行灌溉。

（5）**剪穗条**

新梢逐渐木质化且新梢的 1/3 已变红棕色时为剪枝的适当时期，选取穗长 25 cm 以上、茎粗 3 ～ 5 mm 及以上、腋芽饱满、枝节粗壮且呈红棕色或绿色硬枝的半木质化穗条。剪枝时间选择早上，穗条置于阴凉潮湿的地方。

图4-9 成熟的穗条

（五）扦插时间的选择

一般而言，只要有穗源，茶树一年四季都可以扦插。由于四季气候不同，扦插的效果存在一定的差异。

1. 春插

2—3 月间利用上年秋梢进行的扦插称为春插。其主要优点：如管理得当，苗木可当年出圃，园地利用周转快，管理上较方便和省工。

种子量大时，在室外缓坡地，挖宽 100 cm、深 25 ～ 30 cm 的沟，沟底铺 5 ～ 10 cm 厚的干草或细沙，后分层铺种子和干草，种子厚度 20 cm，干草厚度 5 ～ 10 cm，做成中高 70 cm 的屋脊形土堆，每隔 2 m 安置一个通气筒，四周开深约 30 cm、沟底宽约 40 cm 的排水沟。

2. 夏插

6 月至 8 月上旬利用春梢和夏秋梢进行的扦插称为夏插。其主要优点：扦插发根快，成活率高，苗木生长健壮。

不足之处：

由于夏季光照强、气温高，因而对光照和水分的管理要求高。且育苗时间需要 1 年半左右，相对成本较高，土地利用率低。

3. 秋插

8 月中旬至 10 月利用当年的夏梢和夏秋梢进行的扦插称为秋插。其主要优点：秋季气温虽然逐渐下降，但地温稳定在 15℃以上，且秋季叶片光合能力较强，因而秋插发根速度仍较快，秋插的成活率与夏插接近。秋插的管理比夏插方便、省工，苗圃培育时间较夏插短，成本较低，更重要的是采用秋插，春茶期间可利用母本园采摘高档名优茶，增加收入。

不足之处：

晚秋插，苗木较夏插略小，所以加强苗木后期培肥管理是提高秋插苗木质量的关键。秋插选择在这一时间段的前期进行更为合适，这样在冬季来临时已有根系发生，第二年春能快速生长。

4. 冬插

12 月前后利用当年秋梢或夏秋梢进行的扦插称为冬插。在气温较低的茶区采用冬插，须采用塑料薄膜和遮阳网双重覆盖，效果较好，但成本增加。

总之，从扦插苗木质量来看，以夏插为优；从综合经济效益来看，选择早秋扦插最为理想，既可保证茶苗质量，又能降低成本、增加茶园收入。

图4-10 扦插根系发生情况

（六）穗条的标准与剪取方法

为了提高扦插成活率和苗木质量，必须严格把握剪穗质量和扦插技术。

剪穗时间一般选 10:00 前和 16:00 后。根据需要从穗条上剪取茎秆木质化或半木质化、具有一张完整叶片和健壮饱满腋芽的插穗，大叶种短穗可剪去 1/2 叶片。大叶种穗长 3.5 ～ 5 cm，中小叶种穗长 2.5 ～ 3.5 cm。插穗的剪口要平滑，与叶片呈平行的斜面，其中上剪口靠近腋芽的内侧高于外侧，留桩 0.2 ～ 0.3 cm，下剪口与上剪口平行。穗条节间小于 2.5 cm 的可把两节剪成一个插穗，并剪去下部叶片与腋芽。

经过改良的“短茎长侧枝”扦插技术由梧州市农业科学研究所从广西茶叶科学研究所引进，此法与传统育苗方法的区别在于以一枝长约 15 cm 的侧枝取代传统育苗方法中的“一芽”，插穗总长 20 cm 左右。采用该技术繁育的茶苗，其生根后基本已经达到出圃的要求，可使苗木出圃时间缩短 6 个月以上，有效地解决了育苗周期长的问题，可在短期内满足市场苗木需求。且苗木出圃时比较整齐，高度相差不大。但是该方法要求有一定数量的侧枝并且

图4-11　穗条的剪取
（左为短穗，中为长枝，右为长侧枝）

图4-12　长侧枝扦插

侧枝要达到一定长度方可用于扦插，因此对母本园的管理要求较高。

为保持穗条的新鲜状态，剪下的穗条应放在阴凉湿润处。尽量做到当天剪的穗条当天插完。如需外运，穗条要喷水，堆叠时不要使枝条挤压得过紧，以减小对枝条的伤害。贮运时间不能超过 3 天，期间注意堆放枝条的内部是否发热，避免因发热灼伤枝条。

（七）扦插技术

1. 插穗处理和扦插方法

为提高成活率，扦插前需用植物生长调节剂类药剂对插穗进行处理，处理可在扦插前数小时进行，一般将插穗茎部 1 ～ 2 cm 浸在激素溶液中即可。

扦插前将苗床充分湿润（至少提前 2 ～ 3 h），土壤湿而不黏，既可防止土壤过干造成扦插过程中损伤插穗，又可解决土壤过于潮湿、扦插时容易黏手，影响扦插质量和工作效率的问题。

扦插时划出间距 8 ～ 10 cm 的扦插行。穗距 1.5 ～ 3.0 cm，扦插密度为 20 万株 / 亩，大叶种适当降低扦插密度。扦插时以拇指和食指轻捏插穗叶柄着生处稍下的茎部，竖直或稍斜插入土中，深度以插穗的 2/3 长度为宜，使叶柄基部与地面接触。前排插穗叶片不遮挡后排腋芽，叶片不可粘土，且保持同向伸展。边插边将土壤压实，使插穗与土壤密接，有利于发根。

插完一定面积后立即浇水。如果在高温烈日下，要边扦插、边浇水、边遮阳。叶面水稍干后用 70% 甲基托布津 700 ～ 800 倍液（或者其他杀菌药剂）进行叶面喷施。

2. 扦插苗期管理

（1）水分管理

扦插初期，晴天早晚各浇水一次，阴天一天一次，雨天不浇，大雨久雨需注意排水。发根后（插后 40 天左右）可一天浇水一次，两个月后根据土壤水分情况适时浇水，以土壤保持湿润，茶苗嫩梢不萎蔫为宜。

（2）养分管理

茶苗根系形成后，可适当施肥，施肥可结合洒水防旱进行。施肥应遵循先淡后浓、少量多次的原则。发根后每月追肥一次，每 50 kg 水加 0.3 kg 硫酸

图4-13　短穗扦插

图4-14　长侧枝扦插（杯苗）

钾复合肥淋施，施肥后要喷水冲洗叶片上的肥料。

（3）**病虫害防控**

苗圃内高温高湿，易造成病虫害发生。常见病害有云纹叶枯病、炭疽病等，常见虫害有茶尺蠖、螨类、卷叶蛾等。可每月喷 1 ～ 2 次 0.5% ～ 0.6% 石灰半量式波尔多液预防病害，防治虫害可喷施低毒长效农药。

（4）**光照管理**

光照强烈时要加强遮阴管理，遮阴度达 60% ～ 70%；棚内温度高于 30℃时应及时掀开薄膜通风散热，降温后及时盖膜保温保湿。7 个月后可根据实际情况逐步撤去遮阳网。

（5）**炼苗**

当日平均气温超过 15℃时，将背风向阳面薄膜揭去，傍晚将薄膜盖上，反复多次，使茶苗逐渐适应露天生长环境，炼苗时间 5 ～ 10 天。

图4–15　茁壮成长的扦插苗

（6）**防寒保苗**

当年冬天未出圃的茶苗，在较冷山区要注意防寒。冬前摘心抑制新梢生长，促进成熟，提高茶苗的抗寒能力。也可以因地制宜地盖草、覆盖塑料薄膜、留遮阳棚等。

（7）**其他管理**

及时拔除杂草，除草时不可伤到茶苗根系。除草后浇水，使插穗与土壤充分结合。及时摘除花蕾，避免消耗过多养分，除花蕾后浇水 1 次。

（八）茶苗出圃及运输

1. 茶苗出圃

苗木质量要求：适合出圃的足龄无性苗木高度和主茎粗度分别应达以下标准：

苗高，大叶种不低于 25 cm，中小叶种不低于 20 cm。

茎粗，大叶种不低于 2.5 mm，中小叶种不低于 18 mm。

起苗：起苗时苗圃土壤必须湿润疏松，多带泥土，少伤细根。如苗圃土壤干燥，可在起苗前一天进行灌溉。最好在阴天的早晨与傍晚起苗。茶苗起出后，按生长情况分级，一般分为两级，分开移栽，使同块茶园茶苗生长一致。生长不良和有病虫害的茶苗应及时剔去。

2. 运输

外运茶苗，将茶苗每 100 株捆成一束，用黄泥浆蘸根，然后用稻草扎根部，上部约一半露出外面，再把 5 ～ 10 束捆成一大捆。起运前用水喷湿根部，保持湿润。如长距离运输，最好外面再用竹篓或篾篓等装载。

远途运输过程中，茶苗不要互相压得太紧，注意通气，避免闷热脱叶，防止日晒风吹。茶苗运到目的地后，应立即移栽，或将茶苗放置在阴凉处。如果因故不能及时移栽应假植。假植选择避风背阳的地段，掘沟深 25 ～ 30 cm，一侧的沟壁倾斜度要大，将茶苗斜放在沟中，然后用土填沟并把填土踏实。覆土的深度以占全株的一半或盖至茶苗根颈部上面 4 ～ 5 cm 处。茶苗排放的密度，根据苗木的数量、苗体大小和假植的时间而定，一般 5 ～ 6 株茶苗为一小束即可。在茶苗定植后，也会在茶行中间假植一部分茶苗，以备日后补缺。

（九）嫁接技术

嫁接是指将茶树的枝条或芽体接到另一株带根的茶树上，二者形成愈伤组织，贴合在一起共同生长。嫁接要求接穗和砧木接合面的形成层必须靠拢紧贴。

茶树的嫁接繁殖主要用于老茶园的改造换种。嫁接苗具有生长迅速、抗性强、成园快等特点。

1. 嫁接时间

茶树嫁接时间以每年 5—10 月为宜，也可选在早春时间。

2. 砧木处理

砧木应选择根系发达、生长健壮的茶树。将砧木在离地 20 ～ 30 cm 处剪掉茎干，要求切面平滑，剪下的枝条需及时清理，运出茶园。

3. 接穗处理

接穗品种应选择适宜当地生长的无性系良种，穗条应选择生长健壮、无病虫害、茎皮呈红棕色、芽比较饱满的半木质化枝条，剪穗时要求带一片健康叶片和饱满腋芽，穗长 3 ～ 4 cm。削穗时，需用嫁接刀将接穗下端削成 1 ～ 1.5 cm 长、具有 2 个向内斜面的楔形。接穗面要求平滑，注意保湿并防止粘上泥土。

4. 嫁接方法

用嫁接刀在砧木切面中心或 1/3 处劈深 1.5 ～ 2.5 cm 的切口，撑开切口后把接穗迅速插入，外缘对齐，使接穗与砧木形成层紧密连接，用嫁接带绕圈绑紧，并将接口封严。较粗的砧木可在两边各接一个接穗，出芽后保留一个健壮接穗即可。嫁接时，削面应外露 0.1 ～ 0.2 cm。

5. 嫁接后管理

水分管理：嫁接初期，每天早晚各浇水一次，用洒水壶浇洒。用嫁接袋对嫁接部位进行保湿，袋需撑开，袋口扎紧在砧木上，嫁接新梢生长至 2 ～ 3 叶时去袋。

光照管理：嫁接初期，需搭建遮光率 75% 的遮光棚进行遮阳，时间 2 个

图4-16 茶树嫁接

图4-17 梧州市农业科学研究所技术人员开展嫁接试验

月左右。

定型修剪：树高 40 cm 时，离地 20 cm 进行第一次定型修剪；树高 50 ～ 60 cm 时，离地 40 cm 进行第二次定型修剪。

其他管理：嫁接后应及时除草，抹去砧木萌发的新芽，薄肥勤施并防治病虫害。茶树嫁接后 2 ～ 3 年需视茶树生长情况进行轻采留养，以扩大树冠，增加分枝密度。

第五章

新茶园建设

茶树是多年生木本经济作物，茶园建设的基础工作对以后茶树产出会有很大影响。建园质量好，不仅能获得优质高产的鲜叶原料，也能很好地协调茶园的生态环境，实现茶叶生产的可持续发展。

建设新茶园之前，首先要做新茶园建设的可行性分析，对经济效益前景进行科学论证；必须做好科学规划，避免因建设不当造成不必要的损失。建设过程要求高标准、高质量。

一、新茶园建设标准与要求

茶园建设基本的建设标准与要求是实现“五化”：茶区园林化、茶树良种化、茶园水利化、生产机械化、栽培科学化。

图5–1　云雾缭绕的六堡镇——高山云雾出好茶

（一）茶区园林化

茶园建设要因地制宜、全面规划。在国家农业区划总体范围内，以治水改土为中心，实行山、水、田、林、路综合治理，充分利用自然条件，建立高标准茶园。要求茶园相对集中连片，在原有茶园面积基础上，以改造为主，添建新茶园，使园地成块，茶行成条。并在适当地段营造防护林，沟、渠、路旁、园地四周要提倡多种树，美化茶区环境，建立现代化生态茶园。

（二）茶树良种化

茶园种植要充分发挥良种作用，逐步更新单产低、品质差的不良品种，提高茶园良种化水平。六堡茶产区要根据茶叶的适制性（适制六堡茶）以及当地的生态条件确定主栽品种，并合理搭配其他品种，利用各品种的特点，取长补短，从鲜叶原料上充分发挥茶树良种在品质方面的综合效应。

（三）茶园水利化

茶园建设要广辟水源，积极兴建水利工程，因地制宜建设高效节水灌（滴）溉工程，提高抵御水旱灾害的能力。茶园建立后应有利于水土保持，建园坡地应以25° 为限，25° 以上坡地以造林为主，建园时不要过度破坏植被，以防止水土流失。园内原有的沟渠、蓄水池等设施要充分发挥蓄水抗旱能力，做到雨水多时能蓄能排，干旱需水时能引水灌溉；小雨、中雨水不出园，大雨、暴雨不冲毁茶园。

（四）生产机械化

茶叶基地规划设计、园地管理、茶厂布局、产品加工和运输等，都要以适应机械化生产以及逐步实现机械化生产为目标。

（五）栽培科学化

栽培时合理密植，做好土壤养分管理。在重施有机肥的基础上适施化肥，做到适时巧用水肥，满足茶树对养分的需要；掌握病虫害发生规律，采取综

图5-2 六堡镇双贵茶园

合措施，控制病虫与杂草的危害；正确运用剪采技术，培养丰产树冠，使茶树沿着合理生育进程发展，最终达到高产、优质、低成本、高效益的目的。

二、园地选择

茶树是多年生常绿植物，有效经济年限可持续 40 ～ 50 年，管理好的茶园可维持更长的年限，茶树的生长发育与外界条件密切相关，为此，建园时必须重视园地的选择。

园地宜选择在日照短，终年云雾较多，年平均气温 18 ～ 23℃，年降雨 1 400 ～ 1 800 mm 的平地、台地或坡度≤ 25° 的山地。土层深厚，有机质丰富，土壤有机质含量≥ 1.5%，土壤 pH4.5 ～ 6.5 为宜。

三、道路系统设置

为便于农用物资及鲜叶的运输和管理，方便机械作业，要在茶园设立主干道和次干道，并相互连接成网。主干道直接与茶厂或公路相连，可供汽车或拖拉机通行；面积小的茶场可不设主干道。次干道是联系园内各地块的交通要道，也是划分区片的分界线，以能行驶手扶拖拉机和板车为准。步道或园道有效路面宽 1.5 ～ 2.0 m，主要是方便机械操作。坡度在 20° 以上的茶园，建议设置“之”字形上山步道，以避免路面被水冲刷，同时降低送肥上山时的劳动强度；坡度小于 10° 的缓坡，步道开设成直道，一般茶行长度不超过 50 m，茶园小区面积不超过 0.67 hm^2。

（一）主干道

60 hm^2 以上的茶场要设主干道，作为全场的交通要道，贯穿场内各作业单位，并与附近公路、铁路或货运码头相衔接。主干道路面宽 8 ～ 10 m，能供两部汽车相向行驶，纵坡小于 6°（即坡比不超过 10%），转弯处曲率半径不小于 15 m。小丘陵地的干道应设在山脊。纵坡 16° 以上的坡地茶园，干道应呈“S”形。梯级茶园的道路，可隔若干梯级空若干行茶树为道路。

（二）次干道（支道）

次干道是机具下地作业和园内小型机具行驶的通道，每隔 300 ～ 400 m 设一条，路面宽 3 ～ 4 m，纵坡小于 8°（即坡比不超过 14%），转弯处曲率半径不小于 10 m。有主干道的，应尽量与之垂直相接，并与茶行平行。

（三）步道

又称园道，为进园作业与运送肥料、鲜叶等物之用，与主干道、次干道相接，与茶行或梯田长度紧密配合，通常步道每隔 50 ～ 80 m 设一条，路面宽 1.5 ～ 2 m，纵坡小于 15° （即坡比不超过 27%），能通行手扶拖拉机及板车即可。设在茶园四周的称包边路，它可与园外隔离，起防止水土流失与园外树根侵害的作用。

（四）地头道

实行机械化作业的茶园要留出地头道，主要是供大型作业机械调头用，设在茶行两端，路面宽度视机具而定，一般宽 8 ～ 10 m，若主干道、次干道可供利用的，则适当加宽即可。

设置道路网要有利于茶园的布置，便于运输、耕作，尽量减少占用耕地。在坡度较小的地带，主干道、次干道应设在水分岭上，或者设于坡脚处，为降低与减缓坡度，也可设成“S”形。

四、排、蓄水系统设置

茶园水利网具有保水、供水和排水三方面的功能。水利网设置，不能妨碍茶园耕作机具行驶。要考虑现代化灌溉工程设施的要求，具体实施时可请水利方面的专业技术人员设计。结合规划路网，把沟、渠、塘、池、库及机埠等水利设施统一安排，要“沟渠相通，渠塘相连，长藤结瓜，成龙配套”，雨多时水有去向，雨少时能及时供水。各项设施完成后，贮水、输水及提水设备要紧密衔接，达到小雨、中雨水不出园，大雨、暴雨泥不出沟，需水时又能引提灌溉。各项设施需有利于茶园机械化管理，需适合某些工序自动化的要求。茶园水利网主要包括如下项目。

（一）主沟

主沟是茶园内连接渠道和支沟的纵沟，其主要作用是在雨量大时汇集支沟余水注入塘、池、库内，需水时引水分送支沟，平地茶园的主沟还起降低地下水位的作用。坡地茶园的主沟内应设有缓冲与拦水设施。

（二）支沟

支沟与茶行平行设置，缓坡地茶园视具体情况开设，梯级茶园则在梯内坎脚下设置。支沟宜开成“竹节沟”。

（三）隔离沟

在茶园与林地、荒地及其他耕地交界处设隔离沟，以免树根、杂草等侵入园内，并防大雨时园外洪水直接冲入茶园。随时注意把隔离沟中的水流引入塘、池或水库。

（四）沉沙凼

园内沟道交接处须设置沉沙凼，主要作用是沉积泥沙，防止泥沙堵塞沟渠。同时注意及时清理沉沙凼的泥沙，确保流水畅通。

（五）塘、池

根据茶园面积大小，要有一定的水量贮藏。水库应依据山垄自然地形修筑，在条件允许下，水库位置最好高于茶园，以便通过渠道进行自流灌。在茶园范围内开设水塘、肥坑，作为常年积肥用池（包括粪池），贮水待用，原有水塘应尽量保留，每 2 ～ 3 hm^2 茶园，应设一个沤粪池或积肥坑。

五、防护林与遮阴树

广西属于冻害和风害不严重的茶区，以造经济林、水土保持林、风景林为主。一些不宜种植作物的陡坡地、山顶或者地形复杂的地方，应以植树为主，树种选择速生、防护效果好、适合当地自然条件的品种。乔木与灌木相结合，常绿树与落叶树相结合。灌木以宜作为绿肥的树种为主。茶园内植树须选择与茶树无共同病虫害、根系分布深的树种，林带须与道路、水利系统相结合。

图5-3　保留防护林的生态茶园

六、园地开垦

（一）地面清理

园地开垦是茶园基础建设工作之一。开垦过程中，须按总体规划设计，以水土保持为中心，深翻改土为重点，并根据不同的地形、地势，使用正确的基础设施和农业技术措施，确定开垦时间、方法和施工要求，严格掌握开垦质量。开垦前清理地面，对园地内的柴草、树木、乱石等进行处理。多年生草根应挖除，尽量保留园地道路、沟、渠旁边的原有树木。乱石可填于低处，并深埋于土层 1 m 以下。

（二）平地及缓坡地的开垦

平地及 15° 以内缓坡地的开垦，可根据道路、水沟分段进行，并沿等高线横向开垦，使坡面相对一致。若坡面不规则，应按“大弯随势，小弯取直”的原则开垦。如有局部地面因水土流失而成“剥皮山”的情况，应加客土，使表土层厚度达到要求。生荒地需初垦和复垦。初垦一年四季均可进行，其中以夏、冬更适宜，利用烈日暴晒或严寒冰冻，促使土壤风化。初垦深度为 80 cm 左右，土块不必打碎，以利蓄水；柴根、竹鞭、菝葜、芒萁等多年生草根要清除出园，防止杂草复活。复垦应在茶树种植前进行，平整地面，再次清除草根、乱石，以便开沟种植。熟地一般只进行复垦，如先期作物是茶树，一定要采取对根结线虫病的预防措施。新茶园可采用大型挖掘机挖掘，用履带式拖拉机挂推土设备平整地面。

（三）陡坡梯级垦辟

在茶园开垦过程中，如遇坡度为 15° ～ 25° 的坡地，地形起伏较大，无法等高种植，可根据地形情况，建立宽幅梯田或窄幅梯田。

1. 陡坡地建梯级茶园的主要目的

①改造天然地貌，消除或减缓地面坡度。

②保水、保土、保肥。

③可引水灌溉。

2. 梯级茶园建设原则

①梯面宽度便于日常作业，更要考虑适于机械作业。

②茶园建成以后，要能最大限度地控制水土流失，下雨能保水，需水能灌溉。

③梯田长度为 60 ～ 80 m，同梯等宽，大弯随势，小弯取直。外埂内沟，梯梯接路，沟沟相通。

④ 梯田外高内低（倾斜 2° ～ 3° ），为便于自流灌溉，两头可呈 0.2 ～ 0.4 m 的高度差。

⑤施工开梯田，要尽量保存表土，回沟植茶，保持土壤肥力。

3. 梯面宽度

梯面宽度随山地坡度而定，还受梯壁高度制约。从各地经验看，梯面宽度在坡度最陡的地段不得小于 1.5 m，梯壁不宜过高，尽量控制在 1 m 之内，不要超过 1.5 m。

图5–4　茶园开梯级

图5–5　陡坡梯级茶园

第六章

茶树种植和苗期管理

茶树种植技术和苗期管理工作对茶树的成活、生长有很大的影响。掌握好种植方法能使茶树快速成园。

一、种植前整地与施底肥

茶树能否快速成园及成园后能否持续高产，与种前深垦和底肥用量有关。种前深垦，既加深了土层，为茶树根系扩展创造了良好空间，又能促使土壤发生理化变化，提高蓄水保肥能力，为茶树生长提供了良好的水、肥、气、热条件。

深垦结合施有机肥料作为底肥。按快速成园的要求，应有大量的土杂肥或厩肥等有机肥料和一定数量的磷肥分层施入，每公顷用厩肥或土杂肥 15 ～ 45 t，磷肥 0.3 ～ 3.0 t 不等。种植前底肥比较少的，需在以后逐年加施，才能促使茶树快速成园。大多数丰产茶园，种前每公顷以土杂肥为底肥应不少于 37.5 t，磷肥为 1.5 t。平整地面后，按标准开种植沟，在平地或缓坡地可用机械开沟。

二、茶籽直播

茶籽直播的茶园，由于存在性状分离，很容易产生种性退化，导致管理困难、品质和产量不稳定，不利于机械化作业，故一般不提倡茶籽直播。但茶籽直播的茶树，主根发达，具有较强的抗性，且操作简单、成本相对较低，仍然有茶园采用茶籽直播的方式。

（一）茶籽的筛选

茶籽应颗粒饱满、重实，种壳硬脆、呈棕褐色、有光泽，种仁饱满，呈乳白色，湿润光亮。虫蛀、空壳、不成熟茶籽、隔年茶籽、霉变茶籽、破籽等不合格茶籽及其他夹杂物不应超过 1%。

（二）播种

（1）播种时间。茶籽一般在采摘当年进行冬播，11—12 月为宜；或在储藏后第二年进行春播，2—3 月为宜。冬播比春播出苗早，成活率高，避免了茶籽的贮藏工作。

（2）浸种：茶籽经浸种后播种，可提早出土和提高出苗率。方法为将茶籽倒入容器中，用清水浸泡 2 ～ 3 天，每日换一次水，丢弃浮在水面的种子，取沉于水底的种子用于播种。经过清水选种和浸种，出苗期可以提前 10 天左右，发芽率提高 12% ～ 13%。

（3）催芽：茶籽经过催芽，比不催芽提早出苗 25 天左右，且生长整齐，缺苗少、抗旱能力也较强。具体方法为先铺上 3 ～ 4 cm 厚的细沙，细沙用 0.1% 高锰酸钾消毒；沙上铺放茶籽，厚度为 7 ～ 10 cm，茶籽上盖一层沙，沙上盖稻草，喷水后室温保持 20 ～ 30℃，春播催芽 15 ～ 20 天，冬播催芽 20 ～ 25 天，当有 40% ～ 50% 茶籽露出胚根时，可取出播种。

（4）开播种沟：按照 1.5 m 的行距开好 10 cm 左右深的种植沟，要求沟底平直，土粒细碎，施足底肥，然后填土至 3 ～ 5 cm 深，保证茶籽播种下去后，不至于覆土太厚，并与土壤保持最大的接触面，利于发芽生长。

（5）播种：每穴 3 ～ 5 粒，覆土 3 ～ 5 cm 压实，秋冬播比春播稍深，播种量在 100 kg/ 亩左右。

（三）苗期管理

茶籽播种后一般 4—5 月出土，5—6 月齐苗，经过精心管护的茶苗，当年苗高可以达到 25 cm 以上，高的可以达到 60 cm。苗期管理要抓好以下几点：

（1）除草：苗期杂草易滋生，要及时除草，以利于幼苗生长。除草不要求除尽，以不影响茶苗生长为原则。

（2）追肥：茶籽胚芽出土时进可行追肥，施肥应掌握“先淡后浓，少量多次”的原则，追肥可结合除草同时进行，一般在6—7月中旬开始第一次追肥，追施4～6次。

（3）病虫害防治：及时防治病虫害，保证茶树正常生长。

三、茶苗移栽

（一）移栽时间

确定移栽适期的依据，一是看茶树的生长动态，二是看当地的气候条件。当茶树进入休眠阶段，选择空气湿度大和土壤含水量高的时期移栽茶苗最为适合。

在广西，以冬季（12月）或早春（2—3月）为移栽茶苗最适期。在当地适期范围内适当提早为好。因为提早移栽，茶苗地上部正处于休眠阶段或生长缓慢阶段，以便使移栽过程中受到损伤的根系有一个较长的恢复时间。

（二）种植规格

种植规格是指茶树行距、株距（丛）及每丛定苗数，是合理密植的重要参数。所谓“合理密植”是要使茶树在一定的土地面积上形成合理的群体密度，充分利用光和土壤营养。茶树的株行距及每丛株数，是个体与群体的关系问题。若种植过稀，个体会得到充分发展，但单位面积内的个体数不够，仍不能获得丰产；若种植过密，早期产量高，成龄后个体相互抑制，产量也会受到影响。

合理密植的密度范围，因栽植区域、茶树品种以及管理水平等不同存在差异。灌木型的中小叶种茶园，采用单行条列式种植，行距150 cm，丛距26～33 cm，每丛成苗后有1～3株比较合适；采用双行条列式种植，行距150 cm，丛距26～30 cm，列距30 cm，每丛成苗后有1～2株。半乔木型或树势高大的云南大叶种茶树品种，行距可放宽至160～180 cm，丛距

40 ～ 50 cm。这种密度在正常管理情况下，能使茶树地上部和地下部充分占据空间，构成一个合理的群体结构。

（三）移栽技术

起苗前，应做好移栽所需的准备工作，开好栽植沟，施入底肥，肥与土拌匀，上覆盖一层表土，然后栽植茶苗，栽植沟深 33 cm 左右。中叶种每丛栽 2 ～ 3 株，大叶种单株栽植，亦可 2 株栽植。栽植 2 株的茶苗，其规格必须一致，不能同丛搭配大小苗。凡不符合规格的茶苗，应加强培育，待来年再移植。实生苗若根过长，可把超过 33 cm 的部分剪掉，注意保存侧根多的部位。

移栽茶苗，要一边起苗一边栽植，尽量带土且勿损伤根系。营养钵苗栽，如果营养钵未腐烂，需去除营养钵，以免茶苗根系与土壤不能充分接触而影响其生长。

移栽时应保持根系的原本姿态，使根系舒展。茶苗放入沟中，边覆土边踩紧，使根与土紧密相结，不能上紧下松。待覆土至 2/3 ～ 3/4 沟深时，即浇安蔸水，水要浇到根部的土壤完全湿润，边栽边浇，待水渗下再覆土，填满踩紧，并高出茶苗原入土痕迹（泥门），覆土成小沟形，以便下次浇水和接纳雨水。一般在行间或者地头定植一定数量（10% ～ 15%）的茶苗，作为备用苗，用于就地补缺。

图6–1　新种茶园

移栽茶苗，如果稍有马虎，或栽后管理粗放，就极易死苗，有些地方出现“年年栽茶不见茶”的现象，主要原因就在这里。

（四）提高移栽成活率的方法

缺丛或缺株现象是新建茶园常见的问题。为了保证移栽成活率，关键要做好浇水抗旱、遮阳防晒、勤除杂草、根际覆盖等工作。

1. 浇水抗旱

移栽茶苗根系损伤大，移栽后必须及时浇水，必要时每隔 1 ～ 2 周浇一次水，遇天气干旱，浇水的次数要多些，浇到成活为止。成活后可适当施一些发酵过的稀薄人粪尿，有机茶园可施经认证的液肥和经无害化处理过的堆、沤肥液，以提高苗期的抗旱能力。

2. 遮阴防晒

幼苗期由于茶园防护林、行道树和遮阴树等都未长成，生态条件差，相对湿度小，夏天强烈阳光照射和高温干旱会使茶树叶子受到灼伤，严重时会导致整株茶苗被晒死，在伏旱季节表现更为明显。在第一二年的高温季节，可进行季节性遮阴。具体做法是用狼箕草、杉树枝和稻草等扎成束，插在茶苗的西南方向，挡住部分阳光。高温干旱季节过后，及时拔除遮阴物，或铺于茶行之间，既可以保水又可以增加土壤有机质。

3. 根际覆盖

根据经验，旱季根际铺草，有利于提高茶苗成活率。可采用树枝、稻草、绿肥等作为根际覆盖的材料。具体做法是在茶苗根颈两旁根系分布区覆盖，上面再压碎土。在缺水地块，更应大力实施。秋冬移栽的茶苗，在移栽结束后立即覆盖，可以起到抗寒保温的作用。其他时间移栽的茶苗，则应在干旱季节到来之前覆盖好。

4. 间作绿肥

幼龄茶园合理间作绿肥不仅可解决肥源问题，还可以增加土壤覆盖率，防止水土流失，护梯保坎，增加茶园生物多样性等。

四、幼龄茶树管理

实践经验证明，茶树在一二年生时不能全苗，成园后就很难补齐。所以，在茶树一二年生这段时间中，必须千方百计地达到全苗壮苗，才能为以后的茶叶高产优质奠定基础。其主要措施如下。

1. 抗旱保苗

一二年生的茶苗，既怕干又怕晒，要促进其加生长，必须抓住除草保苗、浅耕保水、适时追肥、遮阴、灌溉等各项工作。

2. 间苗补苗

保证单位面积有一定的基本苗数，是正确处理个体与群体关系的一个方面，是争取丰产的基本因素；不论是直播还是移栽的茶园，都要及时查苗补苗，凡每丛已有 1 株茶苗成活的就不必再补苗，缺丛则每丛补植 3 株茶苗，这是达到全苗、壮苗的重要措施。凡出苗迟、生长差的茶苗，要增加水、肥。齐苗后当年冬季或次年，要抓紧补苗。否则，待成园以后再补，所补的茶树参差不齐，更严重的是有些不能成丛，故须在一二年生内将缺丛补齐，保证全苗。补缺用苗，必须用同龄茶苗，一般应用备用苗补缺，若用间苗补缺，苗木不能拔，而要挖，否则根系损伤，不易成活。补缺的方法和补后的管理与移栽茶苗相同。

每丛茶树的基本苗不宜过多，灌木型茶园，每丛 2 ～ 3 株较好，半乔木型茶树，每丛 1 ～ 2 株为宜；在土质深厚肥沃的地方，每丛 1 株亦可。有的直播茶园播种量多，出苗好，一丛有 4 ～ 5 株，有的达到 6 ～ 7 株，由于苗多，个体与群体产生了矛盾，骨干枝不能充分发展，有碍长期高产优质。故在苗期要及时进行间苗工作。间苗要选在雨后土松时按“去弱留壮”的原则进行。

3. 防寒防冻

防寒防冻是茶苗初期管理的又一项重要内容。茶树新植的第一年，尤其是一些乔木型大叶品种，防寒防冻更加重要。

第七章

高产优质茶园土壤管理

合理的土壤管理措施是茶叶高产优质必不可少的条件。通过合理的土壤管理，增加土壤肥力，减少水土流失，调节土壤固、液、气三相，使土壤水、肥、气、热各肥力因素能够协调，为茶树根系发育、土壤微生物繁殖创造良好的条件。茶园土壤管理包括耕作、施肥、除草、覆盖等内容。

一、茶园土壤应具备的条件

土壤是茶树生长的基础，高产优质茶园要求的土壤条件主要有下列几条。

（一）深厚疏松的有效土层

茶树是深根作物，根系的垂直分布深度可达 1 m 以上，吸收根主要分布于 0 ～ 50 cm 土层内，因此，茶园土壤的土层厚度一般要求在 80 cm 以上。耕作层厚度在 25 ～ 30 cm，土壤质地疏松肥厚。亚耕层和底土层不紧实，有一

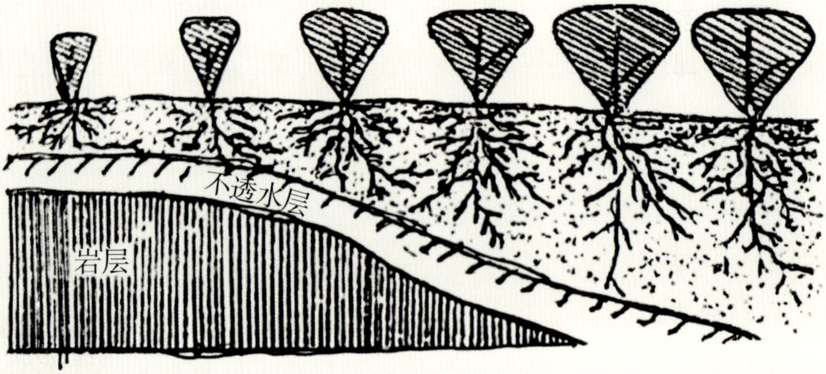

图7–1　土层厚度与茶树生长势之间的关系

定的通透性。土壤质地一般以壤土较好，过黏或过砂的土壤都会对茶树生长和茶叶品质产生不良的影响。

（二）土壤呈酸性

茶树需要酸性土壤，一般要求土壤 pH 在 6.0 以下，最适宜的范围为 4.0 ～ 5.0。由石灰岩、石灰性紫色砂页岩发育形成的土壤或长期施用石灰、草木灰的稻田、菜园等石灰过多的土地，因为偏碱性都不宜种植茶树。

（三）有机质含量高

有机质是土壤的重要成分，是茶树养分特别是氮素的重要来源之一，对土壤的物理、化学和生物性质有重要影响。有机质含量高的土壤，物理性质通常都比较好，土壤中微生物种类较多，活动强烈，保肥保水能力强。优良茶园土壤有机质含量一般要求在 2% 以上。

二、茶园耕作

通过茶园耕作，翻埋杂草和茶树枯枝落叶，可增加土壤有机质；深层土翻至土表，有利于土壤熟化改良，增厚活土层。耕作过程中，因不可避免地要断伤部分茶树根系，可起到根系更新作用。耕作对衰老茶园复壮树势，更是必要，如深耕与施肥相结合，对衰老茶树根系更新复壮有重要作用。

六堡茶主产区没有茶园耕作的习惯和传统，茶园普遍土壤板结，茶叶产量较低。其他茶区随着生产力成本的增加，茶园耕作逐渐由提高茶园覆盖度、化学除草等其他措施来代替，即免耕栽培。本书编写组仍然鼓励根据茶园土壤实际（土壤性状、杂草生长等情况）选择适宜的茶园耕作措施。

（一）中耕和浅耕

土壤翻耕深度小于 12 cm 的为浅耕，茶园行间浅耕主要作用是破除土壤板结层，疏松表层土壤，切断毛细管，改善土壤通气透水状况，消除茶园杂草。

1. 春茶前中耕

经过一个秋冬，土壤板结，土温较低，此时耕作可以疏松土壤，去除早春杂草，耕作后土壤疏松，土温回升快，有利于春茶提早萌发。此次中耕主要是为了积蓄雨水，提高地温，所以耕作深度可稍深一些，一般为10～15 cm。此次中耕可以结合施催芽肥进行。具体时间应根据当年当地气候条件灵活确定。一般以春茶开采前20～30天为宜。

2. 春茶后浅耕

春茶采摘结束后进行。此时气温较高，降水量较多，正是夏季开花植被旺盛萌发的时期，同时春茶采摘期间土壤被踩板结，雨水不易渗透，必须及时浅耕。耕作深度一般比春茶前稍浅，在10 cm左右。此时也是春茶后追肥施用时期，生产单位为了节约劳动力，大多采用地表撒施的方式，浅耕在追肥后进行，可将施于表面的速效肥埋入土层中。

3. 夏茶后浅耕

夏茶采摘结束后立即进行。此时天气炎热，夏季杂草生长旺盛，土壤水分蒸发量大。为了切断毛细管，减少水分蒸发，消灭夏季杂草，要及时浅耕，深度在7～8 cm。此次耕作要特别注意当时的天气状况，如持续高温干旱，就不宜进行。

（二）深耕

种植前茶园要进行深耕，下足底肥，打好良好的土壤基础，以利于茶树根系发育。有的地方种植前仅进行定植沟深翻，影响了幼年茶树根系的生长，茶树抗旱、抗逆性差，且根系越浅，越易受自然灾害的影响。

要提高茶树抗性，就要对茶园进行深耕，深耕后幼树根系可以向外伸长。成龄茶园可以改良耕作层过浅、底土硬实的情况，破除底土对根系的机械阻力，并结合施肥，改变土壤理化性质，为根系生长创造良好的土壤环境，弥补种植时土壤基础的不足。

茶园行间深耕深度一般都在20 cm以上。深耕改良熟化土壤的作用比浅耕要强，但对根系损伤较多。因此，必须根据不同的茶园类型灵活掌握。种植前经过深垦的幼龄茶园，一般只在施基肥时结合深挖基肥沟进行行间深耕。

图7-2 茶园耕作

基肥沟深度宜在 30 cm 左右。种茶后第一年基肥沟要离茶树 20 ～ 30 cm，随着茶树长大，距离也应逐渐加大。茶树成龄投产以后深耕，也常与施用基肥相结合进行。基肥沟的深度和宽度即为行间深耕的范围。深耕一般是在全年茶季基本结束时进行，这个时期深耕、施基肥，有利于断根的再生恢复。由于各地气候条件不同，茶季结束时期也不尽一致，一般宜早不宜迟。

三、茶树的营养需求

茶树整个生命周期总是有规律地从土壤中吸收矿质营养。采下的鲜叶会带走一定量的营养元素，土壤中各种营养元素的含量相对有限，而且彼此间的比例也不平衡，因此，为满足茶树生长所需，在栽培管理过程中，要运用科学施肥技术进行施肥，满足茶树生长发育的需要，提高鲜叶的内在品质，改良土壤，提高土壤肥力。

在茶树生长发育的过程中，需要碳、氢、氧、氮、钾、磷、硫、铁、铝、钙、镁、锰、硼、锌、铜、钼等40多种营养元素。其中碳、氢、氧主要从空气和水中取得，其他元素则主要来自土壤。在来自土壤的营养元素中，要求的氮、磷、钾元素数量最多，这三种元素又被称为植物营养三要素。茶树是叶用作物，在三要素中又以氮素的需求为主。

（一）氮素营养

在茶树各营养器官中，叶子含氮量最高，一般春茶中氮占干物质含量的5%～6%，夏茶占3%～4%，平均含量约为4.5%。因此，在通常情况下，每采收100 kg干毛茶，就要从茶树体内带走约4.5 kg的纯氮，而茶树本身要生产100 kg干茶所需要的氮素远远超过这个数字。

氮素对茶树的生长最为重要，它是构成茶树有机体的主要成分，与茶叶产量有密切关系。在低氮水平的情况下，氮肥用量和茶叶产量几乎成直线关系，到了一定用量之后，氮肥的增产效果则逐步降低。氮素对茶叶品质的影响也十分明显。据研究，氮素直接参与氨基酸、生物碱、配糖体及多种维生素的合成过程，对茶叶的香气、滋味、鲜爽度及汤色等都有直接的影响。据中国农业科学院茶叶研究所的试验，在亩施纯氮50 kg的范围内，芽叶中叶绿素和氨基酸的含量，随着氮肥用量的增加而提高。

茶树对土壤氮素的利用，除了可以吸收铵态氮和硝态氮之外，还可以吸收一些简单的氨基氮之类的氮化物。茶树吸收硝态氮的速度较快，但其在茶树体内被同化的速度要比铵态氮慢，因为硝酸根进入茶树体内要经过还原之后才能与碳水化合物结合形成氨基酸类化合物，然后再被同化成蛋白质。

茶园土壤氮素的含量状况，与土壤肥力水平、气候条件、耕作措施、土壤改良及施肥技术等关系较大。我国广大茶区，气温较高，雨水充沛，土壤淋渗作用强烈，因此茶园土壤含氮量一般只有0.05%～0.2%。由于茶园土壤呈酸性反应，在土壤的氮素循环中，生物固氮作用较弱，氮的淋失却很大，氮肥利用率不高，一般都不到40%。因此，在茶园施肥管理中，一方面要不断地增施各种氮肥，另一方面要不断地改善土壤理化性质，提高土壤保肥能力。

（二）磷素营养

茶树体内的许多生理过程，如光合作用、呼吸作用及生长发育等都离不开磷的参与，尤其是茶树体内的各种酶促反应及能量传递等与磷的关系更密切。芽叶中磷的含量为 0.8% ～ 1.2%（P_2O_5），其中主要是有机态磷，占全磷含量的 80% 左右。磷肥对茶叶产量与品质都有重要的影响，在氮素的配合下，影响更为显著。据试验表明，在氮肥的基础上增施磷肥，从茶叶产量上来看，3 年平均比单施氮素增产 21%。

磷肥对促进茶苗的生长发育有良好的效果，以促进根系的生长效果最为显著。但是，投产采叶茶园，在茶树生长期间不宜过多施磷肥，否则会造成生殖生长过旺，从而抑制营养生长，影响茶叶产量。

（三）钾素营养

茶树体内钾的含量比氮低，但比磷要高。一般芽叶中的含量为 2.0% ～ 2.5%（K_2O）。它的主要功能之一是协助和促进碳水化合物的合成、运送和贮存，同时对水分的吸收和蒸腾作用都有较好的调节作用，所以钾肥可提高茶树的抗旱、抗寒能力。钾对茶树的抗病能力也有一定的作用，有许多病害，如炭疽病和茶饼病的发生与缺钾有关。此外，钾还有助于磷的吸收和转化。它对提高茶叶产量和品质有着重要的作用，在氮磷基础上增施钾可以获得显著的增产效果。研究表明，单施钾肥比不施肥 10 年平均增产 21.8%，在氮磷肥基础上施钾肥比单施氮磷肥增产 37.1%。在一般生产茶园中土壤严重缺钾并不常见。但是，在石英砂岩上发育的土壤和低丘的老茶园、沙滩土茶园较易发生缺钾现象，尤其是一些长期施氮肥的茶园最易发生缺钾现象。红壤茶园土的有效钾含量都不高，主要是土壤酸性强和淋溶强度大，土壤胶体上的钾大部分被氢、铝所取代，钾在土壤溶液中又被雨水所淋溶。因此，对红壤茶园增加钾肥用量的同时，防止钾在茶园土壤中的淋失，是提高茶园钾肥肥效的重要途径。

（四）微量元素营养

钙： 茶树体内钙（CaO）的含量仅次于氮、磷、钾，占第四位，一般含量达 0.5% 左右。钙在茶树体内的生理功能是中和代谢过程中所产生的多余有机酸，保证其他生理过程的顺利进行。但是如果土壤钙含量过高会影响其 pH，影响茶树的正常生长。因此正常生长的茶树，要求土壤平均含钙量低于 0.05%。

镁： 镁是茶树叶子中叶绿素的成分之一，它直接参与光合作用和磷酸化过程。据研究，如果茶园土壤中镁的含量低于 8 mg/100 g 土时，就会造成潜在性的缺镁现象，影响其他栽培措施的增产作用。但是茶树对土壤中镁的吸收，并不完全决定于镁的绝对含量，长期施用氮钾肥的茶园易发生缺镁现象，应注意镁肥的施用。

铝： 茶树体内铝的含量较一般作物高得多。铝对一般作物是有毒害作用的，但在富铝化的红壤上未发现铝对茶树的毒害作用，相反茶树在铝含量高的土壤中长势好。铝不但不阻碍茶树对营养元素的吸收和运送，相反一定数量的铝还能促进茶树根系的生长，促进对主要营养元素的吸收。

锰： 锰能促进茶树根系中硝态氮还原，使之迅速地转化成铵态氮，进而合成氨基酸。锰对增强茶树呼吸强度，提高维生素 C 及茶多酚含量等也有重要作用。酸性或强酸性土壤，锰的溶解能力强，活性锰含量高，因此一般茶园并不缺锰，尤其是新茶园，锰是丰富的。但当茶园土壤中活性锰含量超过 8 mg/100 g 土时，必须注意防止锰过量而为害茶树。长期施化肥的老茶园，由于土壤被酸化，锰被淋溶，有可能导致缺锰。当土壤中活性锰含量低于 3 mg/100 g 土时，要注意防止缺锰而影响茶树生育。锰中毒或缺锰，叶片形态都有变化。缺锰，新梢嫩叶边缘会出现许多黄化区，并向主脉伸长，呈黄化叶，以后还会出现许多褐色斑点，斑点扩大后出现褐色枯萎状叶，严重时新梢顶端枯萎，生长停止。

硫、铁、锌、铜、钼及硼等元素，也是茶树生长发育不可缺少的元素，缺少时会产生各种不同的症状，轻者影响茶树生理功能，重者影响茶叶产量和品质。

（五）茶树吸肥特性

1. 喜铵性

茶树作为一种采叶作物，在矿质营养中对氮的需求量最高，氮肥也最有增产效果。但茶树既可利用铵态氮，又可利用硝态氮，相比之下，特别喜欢铵态氮。据同位素示踪试验结果显示，土壤中铵态氮和硝态氮同时存在时，茶树总是优先选择铵态氮吸收；在铵态氮和硝态氮等量存在时，对铵态氮的吸收强度要比硝态氮高几倍。在生产中，铵态氮肥也比硝态氮肥更有增产效果。因此，茶园施肥要以铵态氮为主。

2. 连续性

茶树作为多年生常绿作物，其同化作用一年四季都在不断地进行。每年10月份之后茶树地上部逐步停止生长，但成熟叶的光合作用和呼吸作用仍在进行，茶树虽在不断地积累和消耗营养，但积累大于消耗。而根系不断地吸收养分和水分，保证茶树生命活动的需要。每个季节茶树对养分的需要量和对各种营养元素的吸收比例也各不相同。在生长旺季，因生长快，消耗大，对营养元素的需求比较集中，吸收强度较大。而在地上部休止期，消耗少，对营养元素的需求比较缓慢，吸收强度比较低。茶园施肥时，必须掌握这一特点，保证土壤各时期都有足够的养分以供吸收。如果某一时期土壤供肥不及时，就会造成阶段性的减产。

3. 阶段性

在茶树生长期间，具有明显的季节性和轮次性，地上部和地下部的生长具有明显的自行调节功能，因此对肥料的吸收表现出明显的阶段性特点。春茶生长迅猛，产量高，消耗大，需肥多，在短短的20多天中，养分的吸收量占生长季节总吸收量的40%～45%。夏季生长期较短，但产量低，消耗少，吸肥量相对少。秋冬季生长缓慢，且受干旱等影响，吸收能力逐步减弱，因此茶树在四个茶季中对肥料的吸收利用能力表现为波浪式下降。在施肥时无论是肥料的选择、搭配或施肥时间上都要考虑茶树的这些特点，既要满足茶树对养分连续吸收的特点，又要满足阶段性集中需求的特征。

4. 营养贮存和再利用性

茶树作为多年生的作物，在营养吸收利用上，与一年生作物有很大的不同，对许多营养元素具有明显的贮存和再利用的特性。茶树根系、根颈及成熟叶，不仅是营养物吸收和同化器官，同时也是各种营养物质的“仓库”。根据同位素的示踪试验，茶树在秋后地上部逐步停止生长时，成熟叶的光合作用并未停止，而光合作用产物向地下部转移，与根系所吸收的养分结合成各种形式的化合物，贮存在根系和根颈中，到翌年早春，这些物质又不断地被输送到地上部分作为春茶生长的重要物质基础。

四、茶树施肥技术

（一）茶园土壤的营养诊断

判断茶园肥力充足与否，通常有两个方法：一是土壤养分测定；二是叶面营养诊断。

土壤养分测定分为两种：一种是全面测定，测定内容包括 pH、有机质、氮、磷、钾、中微量元素等。另一种是快速测定，通常只检测氮、磷、钾，或者再加 pH 和有机质，该方法会在测土配方施肥时使用。通常公认的茶园土壤肥力标准为：pH 4.5 ～ 6.0、有机质＞ 1%、全氮＞ 1%、速效磷＞ 10 mg/kg、速效钾 120 mg/kg，低于该标准就需要施肥。

叶面营养诊断是指根据叶片的生长情况或者叶片营养元素的丰缺判断茶叶的生产情况，从而明确茶园的营养供应情况。

（二）茶园肥料种类和特点

1. 有机肥

有机肥根据来源可分为包括饼肥、厩肥、粪肥、堆肥和绿肥等在内的几大类。

（1）饼肥。饼肥是我国茶园中使用比较广泛的有机肥料，其中使用较多的有菜籽饼、大豆饼、花生饼、桐籽饼、棉籽饼、茶籽饼等饼肥。其营养成分完全，有效成分高，尤其氮素含量丰富，碳氮比低，施用后养分释放相对迅速。

（2）厩肥。厩肥主要有猪栏肥、牛栏肥、羊栏肥和兔栏肥等未经处理的粪肥。厩肥碳氮比高，适宜用作茶园底肥和基肥，特别适用于新辟茶园、幼龄茶园以及土壤有机质含量低、理化性质差的茶园，是较理想的改土肥料。

（3）堆肥。堆肥通常采用枯枝落叶、杂草、垃圾、绿肥、河泥、粪肥等物混杂在一起经过堆腐而成。目前多数养殖场的粪便都经过堆肥化处理。市场上许多有机肥都是这一类肥料。由于加工工艺不同，其有机肥的性质也有所不同，使用时要仔细查看其肥料标示。沼液、液态有机肥也归于此类有机肥。液态肥一方面可供叶面肥用，另一方面也可作为喷滴灌肥料。

（4）绿肥。绿肥指幼龄茶茶行间种植的草本植物，如豆科植物生长到一定程度后直接埋在茶行间作为有机肥。绿肥可帮助茶苗抗旱，增加茶园有机质，也能减少水土流失。成龄茶园一般不推荐种植绿肥。偏远山地茶园，交通不便，运输成本高，施用有机肥有难度，则可考虑因地制宜使用绿肥，如直接割草铺园，或者收集旁边山林枯枝落叶进行铺盖以增加茶园有机质。

2. 无机肥料

无机肥料又称化学肥料，按其所含养分分为氮肥、磷肥、钾肥、微量元素肥料和复混肥料等。

（1）氮肥。茶园常用的氮素化肥按其组成可分为三大类：①铵态氮肥。主要有硫酸铵、氯化铵、碳酸氢铵、氨水等；

碳酸氢铵与氨水等肥料目前在国内已很少使用。②硝态氮肥。主要有硝酸钙、硝酸钠、硝酸铵等。③酰胺态氮肥。最常用的有尿素、石灰氮肥。

（2）磷肥。磷肥主要有过磷酸钙、钙镁磷肥、磷矿粉、钢渣磷肥、磷铵、骨粉等。由于原料关系，磷肥通常含有各种重金属。

（3）钾肥。钾肥主要有硫酸钾、氯化钾、草木灰等。

（4）微量元素肥料。微量元素肥料有硫酸锌、硫酸铜、硫酸锰、硫酸镁、硼酸、钼酸铵等，可用作基肥或追肥施入土中，生产上多采用叶面喷施。对茶园而言，微量元素肥料要根据土壤养分实际情况而决定是否使用。

3. 复混肥料

复混肥料是含有氮、磷、钾三要素中的 2 种或 2 种以上元素的化学肥料。按其制造方法，分为复合肥料和混合肥料。

（1）复合肥料。复合肥料又称合成肥料，以化学方法合成，如磷酸二铵、硝酸磷肥、硝酸钾和磷酸二氢钾等。复合肥料养分含量较高，分布均匀，杂质少。

（2）混合肥料。混合肥料又称混配肥料，肥料的混合以物理方法为主，有时也伴有化学反应，养分分布较均匀。混合肥料的优点是灵活性大，可以根据需要更换肥料配方，增产效果好。复混肥料的标识通常是以 $N-P_2O_5-K_2O-$（微肥）的形式出现。如 30–10–10–1（Zn）代表此肥分别含氮、磷、钾 30%、10%、10%，含 Zn 1%。

4. 微生物肥料

微生物肥料的定义目前有些混乱。一种说法是指含微生物的肥料；第二种说法是指用微生物发酵处理过的肥料。第二种说法基本上与堆肥类似，目前多数堆肥都使用微生物，以加速腐烂或者除臭等，这类肥料中含有一定量的微生物。第一类微生物肥料，即所谓的菌肥，如根瘤菌、固氮菌、硅酸细菌、复合微生物、光合细菌、发酵素菌等。

（三）茶园施肥量的确定

根据各地的经验和田间试验结果，每生产 100 kg 茶需要施用 12 ～ 15 kg 的氮素。对于磷、钾和其他营养元素则采用“以氮定磷、钾，其他营养元素因缺补缺”的方法。目前认为氮：磷：钾的最佳配比为（4 ～ 2）：1 ：（1 ～ 2）。

表 7–1　茶园氮肥参考用量

kg/hm²

幼龄茶园		成龄茶园	
树龄	氮肥用量	干茶产量	氮肥用量
1 ～ 2	37.5 ～ 75.0	< 750	90 ～ 120
3 ～ 4	75.0 ～ 112.5	750 ～ 1 500	100 ～ 250
		1 500 ～ 2 250	200 ～ 350
		2 250 ～ 3 000	300 ～ 350
		> 3 000	400 ～ 600

（四）茶园施肥种类与时期

茶园施肥是为茶树提供矿质营养元素和改良土壤、提高肥力的手段。种类有底肥、基肥、春肥（催芽肥）、夏肥、秋肥、叶面喷肥等。

基本原则：以有机肥为主，有机肥与无机肥相结合；以基肥为主，基肥与追肥相结合；以春肥为主，春、夏、秋追肥相结合；以氮肥为主，氮、磷、钾及其他大量、微量元素相结合；以根部施肥为主，根部施肥与叶面施肥相结合。肥料选择、施用数量、施用时间、施肥位置、开沟深度及施肥次数等应按当地茶园类型、土壤种类、肥料品种、气候条件、所产茶类和栽培管理水平等因地制宜，合理施用。防止过量、流失与污染环境。

1. 底肥

茶园底肥是茶籽播种或茶苗定植前或者改种换植时所施的肥料。施底肥作用是增加土壤有机质和营养元素贮量，可以改良新垦茶园或茶园土壤理化性质，加速土壤熟化。底肥施用的另外一个好处是在苗期促使根系向下生长。

尤其对于扦插苗来说，扦插苗无实生苗那样的主根系，如果没有底肥，根系缺少向下生长的驱动力，会集中在土壤表层。

茶园底肥要施深、施足。可以茶园全面施，也可在种植行下集中施。以纤维素含量高的有机肥为主，适当掺合磷矿粉类缓效无机肥，以利于土壤改良和养分贮存。施肥后因底肥的分解，土壤要下沉，故施底肥与种茶苗或播茶籽间应有 2 ～ 3 个月的间隔期。

2. 基肥

茶园基肥是茶树地上部停止生长后所施的肥料。主要作用是提供足够的、能缓慢分解的营养物质，为茶树根系秋冬生长、物质积累及翌年早春萌发提供营养，也可改良土壤理化性质，平衡土壤营养元素，是茶树春茶萌发的营养物质基础。

茶园基肥施用主要在茶树枝叶停止生长后进行，可结合冬耕施下，宜早不宜迟。适时施入有利于越冬芽的正常发育，有利于根系生长和茶树安全越冬。由于基肥种类不同，施肥时间大有讲究。俗语说“秋天早一天，顶来年十天”就是这个道理。饼肥入土后不能马上被茶树吸收利用，需经土壤微生物作用（发酵），历时 1 个月左右，而且肥效也比较缓慢。

基肥的施用位置和深度应根据地形和树龄而定。平地茶园施于茶丛一侧或两侧；坡地茶园、梯地茶园，在茶行上坡或茶行里侧施肥，以防养分流失；1 ～ 2 年生茶苗根系浅，施在距根颈 10 ～ 15 cm、深 15 ～ 20 cm 处；3 ～ 4 年生茶树，基肥施在距根颈 35 ～ 40 cm、深 20 ～ 30 cm 处；5 年生以后的成龄茶树，施在树冠边缘正下方、深 20 ～ 30 cm 处。修剪、台刈改造的茶树，应结合改造同时施肥。

3. 追肥

在茶树地上部分处于生长时期施的肥料，统称为茶园追肥。茶园追肥的作用主要是不断补充茶树生长发育过程中对营养元素的需要，以免茶树生长过程中养分供应脱节，达到持续高产稳产的目的。追肥必须适时。①催芽肥。每年茶园地上部分恢复生长第一次追肥，称催芽肥，催芽肥的施用时期，应根据茶树生长的物候期来确定，一般春茶前 15 ～ 20 天施下为宜。

②夏秋茶的追肥。亦按茶季施用，春茶结束后施第二次追肥，夏茶后施

第三次追肥。萌发轮次多，采摘季节长，追肥次数也要随之增加。

五、茶园除草

茶园杂草危害很大，杂草不仅和茶树争夺阳光和营养，还会滋生病虫害，影响茶叶产量和品质。六堡茶产区茶园杂草发生严重，尤其是有机茶园，因为不能施用化学除草剂，向来是困扰茶农的一大难题。

（一）人工除草

人工除草目前是我国茶区主要的除草方式。人工除草可采用拔草、浅耕等方法。在新茶园开辟或老茶园换种改植时，进行深耕可以大大减少茶园各种杂草的发生，对于茅草、狗牙草、香附子等顽固性杂草的根除有很好的效果。对于生长在茶苗附近或攀缠在成年树上的杂草，可采用人工拔草法，并将杂草深埋土中，以免杂草复活再生；或者直接暴晒在茶行间。使用阔口锄、刮锄等工具进行中耕除草，能立即杀伤杂草的地上部分，起到短期内抑制杂草生长的作用，尤其适合铲除一年生的杂草，但对宿根性多年生杂草及顽固性的蕨根、菝葜等杂草以深耕效果为好。采用背负式割草机进行除草，可以提高工作效率，但是该种方法无法破除杂草根部。

（二）化学除草

化学除草剂因其快速高效、易操作、成本低等优点，在生产实践中广泛使用，但是化学除草剂的长期使用也带来了诸多生态与环境问题。过量施用除草剂不仅会加速杂草抗药性的形成、对茶树产生药害、导致水土流失加剧，而且会造成环境毒性。

目前，茶园登记可用除草剂中的西玛津、扑草净和莠去津［属于土壤处理剂（苗前封闭剂）］，其施用位置为土壤表层，通过杂草的根、芽鞘或者下胚轴等部位吸收而发挥作用。这类除草剂对于未出土的杂草防治效果较好，对已出土的杂草防效较差。以上 3 类除草剂的使用均具有选择性，即仅对部分杂草有杀灭作用，其中西玛津和莠去津主要防治对象为一年生杂草，而扑草净则为阔叶类杂草。

草甘膦及其衍生物、草铵膦和灭草松3类除草剂属于茎叶处理剂，其施用位置为出土杂草茎叶，通过地上部茎叶的吸收而发挥作用。近年来，2种暂未获得农药登记的新型除草剂——艾敌达和生物除草剂在茶园除草试验上得到了初步应用，研究表明其除草效果不亚于传统化学除草剂。应用新型生物除草剂，第10天株防效在88.32%以上。以上2种除草剂均属于非选择性触杀型茎叶处理剂，对杂草无选择性且仅对接触部分具有灭杀作用。

（三）覆盖抑草

地面覆盖抑草，一方面可使杂草种子因缺乏光照而无法萌发，同时杂草幼苗因无法进行光合作用而黄化枯死，进而大大降低茶园杂草发生的数量；另一方面覆盖物使杂草长势变弱，从而控制了杂草的生物量。

目前，茶园使用较多的覆盖材料主要有两大类：第一类是作物秸秆、茶

图7–3　梯壁铺设防草布的茶园

树修剪物等农业废弃物，覆盖厚度 8～10 cm 即可降低杂草数量，同时可起到缓冲地温和减少土壤表层水分蒸发的作用。第二类主要是地膜、防草布等人工合成材料。茶园行间覆盖防草布可以明显控制杂草发生，其成本远低于传统的人工除草。采用全幅铺设法（防草布铺设覆盖至茶树根部），抑草效果好，但不利于中耕施肥；采用半幅铺法（防草布铺设到茶树滴水线），方便中耕施肥，但茶树底部会滋生杂草，需要人工额外除草。

图7-4 半幅铺设防草布

因此建议根据茶树行间距和蓬面大小，采用适宜的铺设方法。如 1 年内的移栽茶园，茶树蓬面小，树底荫蔽度小，建议采用全幅防草布铺设法，待茶树长大、蓬面拓宽后，再将防草布部分向中间内翻。对于茶树蓬面大，树下荫蔽度较大茶园（较大荫蔽度下杂草不易生长），采用半幅防草布铺设法，既方便中耕施肥，也能降低铺设成本。

（四）间套作抑草

间套作抑草技术是利用生态位原理在茶园中引种长势强、抗逆性好的植物，率先占据茶行空白生境，以极高的生长速率充满整个空间，达到抑制杂草生长的目的。研究人员将豆科作物大豆引入幼龄茶园进行杂草防治，取得了良好效果。但该方法存在一定的不足，幼龄茶园种植大豆，需专人开沟与播种，大豆属于直立型作物，无法产生足够的荫蔽度，抑草效果相对较弱。大豆种植需要较大空间，因此仅能在幼龄茶园行距空间较大时种植，不适合成龄茶园的杂草防控。

茶园行间种植豆科绿肥是间作抑草的另一种重要模式。目前已有研究表明，茶园种植白三叶草、紫花苜蓿、圆叶决明均有较好的抑草效果。此外，间作豆科绿肥还能够促进茶叶产量提高、品质提升、土壤养分转化，并刺激茶树根系生长等。绿肥种子小，无需专人开沟种植，撒播种植即可，植物能够持续多年自繁，生长速度快，能迅速覆盖裸露地面，抑制杂草生长，绿肥多为蔓生匍匐类植物，草势不高，不影响茶树生长。

图7-5 茶园套种决明

图7-6 茶园套种黑麦草

第八章

茶园间套作

茶树在长期的系统发育过程中，形成了耐阴、喜温、喜湿、喜漫射光的生物学特性，为茶园间套作提供了基础。

间套作分两种：一种是茶行间套种一年生植物，如绿肥、大豆、玉米等；另一种是茶行间间作经济果林或者树木。

（一）间套作的益处

（1）改良茶园土壤、增加土壤肥力。主要指幼龄茶园绿肥套种。

（2）改善生态环境。间作树木或者果林，可以遮挡太阳对茶树的直接辐射；套种绿肥可以减低夏季土壤温度、冬季增加土壤温度，起到冬暖夏凉的作用。

（3）防止水土冲刷。丘陵或者坡地茶园套种绿肥，可以防止或者减少水土流失。

（4）保蓄土壤水分。对于幼龄茶园来说，套种可以提高土壤的蓄水能力，减少地表蒸发。

（5）品质改良。茶园套种绿肥对改良茶园土壤物理状况、养分供应和温湿度有益，茶叶中的氨基酸和水浸出物含量提高，茶芽密度、百芽重和产量都有明显提高。

（二）间套作的种类以及选择原则

茶园间套作的种类目前在生产上非常多。适宜在幼龄茶园和改造后茶园中间作的主要种类有豆科植物的白三叶草、绿豆、赤豆、大叶猪屎草、田菁等，还有紫云英、苜蓿等；另外还有高光效的牧草，如苏丹草、墨西哥玉米、美洲狼尾草和美国饲用甜高粱等。在成龄茶园，间作物主要有果树，如梨、板栗、桃、青梅、葡萄、李、柿、樱桃、大枣等；还有经济树种，如杉木、乌桕、相思树、合欢树、橡胶、泡桐、银杏、桑等。芝麻、蓖麻等吸肥力强的和高大的作物不太适合。禾本科的谷物因为根系强大，吸肥、水能力强，也不宜做间作物。种植甘薯需起垄，会严重损害茶树根系，不应当在茶园中间作。

考虑间作物品种时应掌握以下原则：①间作物不能与茶树急剧争夺水分、养分。②能在土壤中积累较多的营养物质，并对形成土壤团粒结构有利。③能抑制茶园杂草生长。④较少或不与茶树发生共同的病虫害。

（三）间套作方法

间作方法应视茶树株行距、茶树年龄、间作物种类等来确定。常规种植的茶园，1 ～ 2 年生茶园可间作豆科植物、高光效牧草等品种；3 ～ 4 年生茶园，因根系和根冠分布较广，茶多行间中央空隙较少，只能间作 1 行，不宜种高秆作物；成年茶园间作主要以果树和经济林为主。据各地经验，间作物成年后把茶园遮阴度控制在 30% ～ 40%，如高大型树种，种植密度在 75 ～ 80 株 / hm^2。低矮型树种，种植密度在 300 株 / hm^2。

图8-1　茶园套种油茶

第九章

茶树修剪

近年来，六堡茶产业迅速发展，提高六堡茶的产量以及质量已经成为从业者的重要任务。六堡茶是叶用植物，六堡茶树新梢的数量与质量直接影响六堡茶的产量与质量。茶树新梢有赖于茶树树冠情况，因此茶树树冠的大小、高低、形状、结构与强弱等与茶树的生长发育和茶叶品质的形成息息相关。

一、高产优质茶树树冠应达到的基本要求

（一）分枝结构合理

茶树的分枝结构包括分枝级数、数量、粗细等要素。高产优质茶树分枝都要具有强壮的骨干枝层和一定密度的健壮生产枝层。骨干枝强壮，且空间分布均匀，才能使上层分枝也较为粗壮和均匀。

茶树分枝达到一定级数后，分枝密度不再增加，只进行上层枝梢的更新。在采取修剪措施的情况下，衰老枝条被剪除，促进了枝梢更新，采摘面上形成茂密而健壮的生长枝，新梢萌发多而壮实，营养物质丰富。

（二）树冠高度适中

当茶树达到一定高度时，茶树树冠可覆盖整个生长空间。树冠过高，空间分布拥挤，通风透光条件差，不仅不利于田间作业，还会降低茶树的光合作用以及对养分的利用率；树冠过低，不易达到一定的覆盖度和芽叶密度，难以形成宽广密集的采摘面，影响茶叶产量；而树冠适中，既可以保持一定幅度的采摘面，还可以提高养分利用率，有利于茶叶的采收及管理。广西地

区气候温暖，湿润多雨，且六堡茶群体种多为小乔木型和灌木型，树姿多为半开张和直立型，树势强，可培养成 80 cm 左右高度的树冠。

（三）茶树覆盖度大

茶树覆盖度是指茶树树冠遮盖占据的地表面积与总茶园面积之比。覆盖度过高，茶园密不透风，影响茶叶产量和品质，对病虫害和不良环境的抵抗力也较低；但树冠狭窄，覆盖度过小，茶园裸露面积大，水土冲刷严重，杂草多，不仅产量低，也不利于茶叶生产的可持续发展；一般要求茶树覆盖度以控制在 80% ～ 90% 为宜。

（四）枝叶茂密

叶片是茶树进行光合作用合成有机物的场所，能维持茶树的新陈代谢，直接影响茶叶的高产、优质。研究发现，六堡茶群体种多为中、小叶种，少数为大叶种，树姿多开张，分枝较密。中、小叶种为主的茶园，茶树冠面可保持 15 cm 左右的叶层，大叶种茶树与中、小叶种相比枝叶较稀，可保持 20 cm 左右的叶层厚度。叶面积指数，是指单位土地面积上，茶树叶片总面积占土地面积的倍数。根据田间试验，茶树叶面积指数以 3 ～ 4 最为合理，且叶片在单位面积上分布得越均匀，叶片对光能的利用率就越高。

图9-1 机械化修剪茶园

二、修剪技术

茶树修剪是茶园树冠培育管理中最重要的技术措施，是根据茶树生长发育特性及对茶园管理需要而实施的。它能通过剪除部分枝条，促使茶树改变原有的生长规律，增强营养生长，培育茶树优良树冠，保持树势健壮，延长茶树的经济年龄，从而达到优质、高产、高效的生产目标。有研究表明，合理的修剪措施可解除新梢顶端优势，刺激侧芽、侧枝的生长，提高茶树根冠比，促进茶树营养生长，降低树体阶段发育年龄，提高茶叶产量与茶树抗击病虫害的能力。

梧州市部分茶园建园较早，由于树龄过长及管理粗放，茶树长势衰弱，鸡爪枝增多，绿色层减少，以致茶叶的产量、品质大大降低。因此，根据茶园的立地条件、肥培水平、茶树生育情况，对茶树采取合适的修剪措施，培育高产优质茶树树冠是至关重要的。

（一）修剪时期

修剪时期根据茶树体内养分变化规律与气候条件而定。在秋冬季时，茶树慢慢进入休眠期，地上部养分向根部转移并贮藏积累在根部，至翌年春季茶树新叶萌发时再输送回地上部。因此，在根部养分贮藏量大且雨水充沛的气温回升期间进行修剪，有利于茶树恢复生机，萌发新梢内含物质丰富。修剪时可先修剪海拔稍低、东南坡向、树势较强的茶园，后修剪其他茶园。

（二）修剪类型

修剪的类型包括定型修剪、轻修剪、深修剪、重修剪、台刈、清蔸亮脚和边缘修剪等。

1. 定型修剪

定型修剪是奠定茶树基础的修剪，一般用于幼龄茶树、重修剪和台刈茶树的树冠培养。具体做法为剪去部分主枝和高位侧枝，控制树高，促进分枝合理布局，培养骨架，扩大树冠，塑造丰产树型。茶树的定型修剪根据年生长周期分年进行。

新茶园在幼龄期、衰老茶园在台刈或深修剪后要进行1次、2次或3次定型修剪，待树冠面基本形成后才能投产。

移栽茶苗的新茶园在移栽之时可进行第一次定型修剪，但对于生长较差或苗高仅为20 cm左右的茶苗，移栽时打顶即可，第一次定剪推迟到次年春茶前进行；茶籽直播茶园可在茶苗出土的第二年进行修剪。具体操作为，当茶树离地5 cm处茎粗达0.3 cm以上，树高30 cm以上时，用整枝剪在离地12～15 cm处剪去主枝，剪时保留1～2个较强分枝或定芽。修剪时剪口应向内侧倾斜，尽量保留外侧的腋芽，使发出的新枝向外侧倾斜，剪口要光滑，千万不能剪裂主干，以免伤口被雨水浸渍而难以愈合。

第二次定型修剪一般在上次修剪1年后进行。此时树高应达到40 cm，修剪高度在前次基础上提高10～15 cm，且只剪主干上发出的离地面30 cm以上的1级分枝，保留2级分枝。如若当年茶苗达不到修剪的标准，应该推迟修剪，等待高度、粗度达标后再剪。

第三次定型修剪在第二次剪口上提高10～15 cm，用水平剪或平形修剪机，剪成水平树冠。在第三次定型修剪当年内还可进行第四次定型修剪，高度在第三次剪口的基础上提高10 cm左右。

定型修剪结束后，茶树高度一般为50～60 cm，树幅70～80 cm，树冠迅速扩展，已具有合理的骨架。此时可适当地留叶采摘，增加与促进分枝密度。

衰老茶园在台刈或深修剪后需要重新培养树冠。台刈茶树在第二年进行第一次定型修剪，修剪高度可离地40 cm。翌年可进行第二次定型修剪，剪口在上年基础上提高10～15 cm。重修剪茶树在剪后一年进行定型修剪，修剪高度为在重修剪的剪口上提高10～15 cm。修剪工具可采用篱剪或修剪机。

2. 轻修剪

轻修剪是剪去树冠表层突出枝条或3～10 cm叶层，一般在茶树完成定型修剪后实施，修剪时期一般在晚秋和春季。它是一项培养和维持整齐、平整树冠面，调节茶树生产枝数量和粗壮度，方便采摘、培管的重要修剪措施。广西地区气候温暖，茶园肥培管理好的茶园可剪得重一些；叶层较薄的茶园，则应修剪得轻一些。考虑到六堡茶春茶的产量与品质，可安排在春茶结束后进行。六堡茶区在夏秋季还会开采夏秋茶等，在秋茶采摘结束后进行轻修剪，消除冠表过于细弱的晚秋梢，留下较粗状的枝墩，而后进入“冬眠”。这一时段天气干燥，剪口易愈合，不易感染病害。修剪机器可使用篱剪或弧形修剪机。

3. 深修剪

深修剪是一种比轻修剪程度重的修剪措施。当茶树经多年轻修剪和采摘后，树冠面上会形成密集而细弱的“鸡爪枝”。这些枝条细小，阻碍水分和养分的输送，由此萌发的芽叶瘦小，对夹叶增多，新梢生长势减弱，鲜叶的产量和品质下降，仅依靠轻修剪难以取得理想效果，需要采用深修剪。

方法为剪去树冠上部的鸡爪枝层，修剪深度即为鸡爪枝的深度，一般在 10 ～ 15 cm。它能使茶树重新抽发枝梢，形成新的具有旺盛生产力的枝叶层，延长茶树有效经济年限。通常第一次深修剪在茶树 18 龄左右进行，以后每隔 3 ～ 5 年深修剪 1 次。考虑到经济效益，也可在春茶后进行深修剪，既能保证当年的春茶产量，也可收到较好效果。

值得注意的是，由于深修剪对茶树的刺激较重，剪后当季没有茶叶收获，且影响下一季茶叶产量，因此只有当树冠处于衰老状况下才要实施深修剪。

图9-2　深修剪后的茶树

深修剪的同时，可用整枝剪剪去树冠内部和下部的病虫枝、细弱的徒长枝、枯老枝，疏去密集的丛生枝，此为清蔸亮脚。该措施可使茶树行间通风透光，减少不必要的养分消耗。

4. 重修剪

重修剪主要用于衰老茶园或未老先衰茶园的更新复壮。需要注意的是进行重修剪的衰老茶园应是茶树树冠的骨干枝及有效分枝仍有较强的活力，树冠上有一定的绿叶层或树龄虽老，但管理水平较高，上层分枝枯枝多，枝干灰白，新梢多为细小对夹叶，且采取深修剪已不能恢复树冠生长势的茶园。未老先衰茶园指茶树年龄不一定太老，但由于肥培管理不善或采摘不合理等原因，致使分枝稀疏，鸡爪枝多，采摘面零乱，芽叶瘦小、稀少，且对夹叶多，但多数主枝尚有活力的茶园。除此之外，树体太高，严重影响生产管理的茶树也可采取此方法。

重修剪方法一般是剪去树高的 1/2 左右，留桩离地面高度可根据树势灵活掌握，通常以 30 ～ 45 cm 为宜。同时，在同一块茶园中的修剪高度应统一，修剪后使整片茶园高度大体一致。重修剪最适宜的时间是茶树处于生长休眠期的早春。

图9–3　重修剪茶园及茶树

采用重修剪方法对广西低产低效茶园进行树冠改造，结果表明重修剪可以增加茶叶鲜叶中游离氨基酸、咖啡碱、水浸出物含量，制成的产品质量较好，树势恢复快，改造后达到丰产期所需的时间较短。

5. 台刈

台刈是彻底改造树冠的方法，主要针对茶树已十分衰老，枝干枯秃，多数枝条丧失育芽能力，有的枝条上布满苔藓或地衣，根系大部分已枯黑，即使增施肥料与重修剪，也很难提高产量的茶园。

台刈方法为从根颈离地 5 ～ 10 cm 处剪去地上全部枝干，注意控制好修剪高度。留桩过高，发芽不壮，新枝纤细；留桩过低，不易抽发新枝，甚至逐渐枯死。台刈要求切口平滑，不撕裂茎干，防止感染病虫害以及雨水滞留影响潜伏芽的萌发。修剪机械可选用锋利的弯刀斜劈或手锯锯割。

图9-5　台刈后的茶园

图9-4　台刈后重新萌发的茶树

三、修剪后茶园管理

修剪是一种对茶树外加的刺激力，如果不配合合理的采摘和肥水管理等技术措施，难达塑造树冠实现高产优质的目的。

（一）合理进行采摘和留养

修剪后的茶树要合理地进行采摘和留养。幼年茶树与修剪程度较重的茶树，修剪过后以养为主，采摘为辅，应用“分批留叶”采摘法，少采多留，实行打顶轻采。尤其是重修剪与台刈后的茶树，长势较旺，叶大芽壮，若只顾眼前利益进行早采与强采则不能达到更新复壮效果。但只留不采，实行“封园养蓬”，会导致树冠过于高大，采摘面上生产枝稀疏，也难以实现高产。

（二）配合肥水管理

修剪后的伤口愈合和新梢的萌发，有赖于树体内贮存的营养物质，特别是根部养分的贮藏量。根系要不断供应地上部再生生长需要的养分，并要保证根系自身生长所需要的养分，因此需要足够的肥、水供应。经重修剪或台刈的茶园行间空间变大，但经茶树多年生长，土壤多板结老化，表土冲刷和土壤中盐基流失，土层变薄，自然肥力下降，应把握这一时期投入大体积的有机肥，并与磷、钾肥配合使用。待新梢萌发时，及时追施催芽肥，以促使新梢健壮，并尽快转入旺盛生长，充分发挥修剪的应有效果。

修剪程度较浅的茶树可在修剪前后行间开沟施肥，施入一些速效氮肥和体积小的有机肥。经定型修剪的幼龄茶树，可一年多次进行养分补充。

（三）茶树病虫害管理

茶树修剪后经过一段时期留养，抽出的新芽嫩度好，是各种病虫害滋生的良好场所。特别是对于为害嫩芽梢的茶蚜、茶尺蠖、茶细蛾、茶卷叶蛾、茶梢蛾、小绿叶蝉、芽枯病等，必须及时检查防治，并将病虫害严重的枝条清出茶园。

长出的新梢也易受各种自然灾害的危害，特别是在广西茶区，要做好夏季防高温干旱的工作。

四、修剪枝再利用

长久以来，人们只关注修剪本身，对于修剪下来的枝条很少人问津，大量的茶树修剪枝只能弃于茶园中。茶树修剪枝中的健壮枝条，可以进行处理，用作插穗进行无性繁殖育苗用，增加经济效益。

此外研究发现，将修剪叶施用于茶园，能显著增加土壤有机质含量，有利于促进根系的生长，同时还能降低土壤酸度和活性铝含量。茶树修剪枝有机质含量高，养分丰富，是茶园很好的有机肥源。但简单的覆盖于行间道上，不能完全发挥其增加土壤肥力的作用。同时，那些带病虫害的枝条也会因修剪枝的转移而使病虫危害范围进一步扩大。可对各个茶树生长势、茶树病虫害情况、茶园用药情况等进行系统了解，在修剪茶树的时候，有意识地观察茶树病虫害情况，将发病较严重的枝条或者病虫为害中心的枝叶单独剪除焚烧后再还田。为了使修剪枝与土壤能够很好地相互接触，在进行清草、施肥的同时，将土壤与修剪枝适时翻拌互混，以利于其肥效发挥。还有学者提出将修剪枝与猪粪、牛粪混合进行堆肥处理的方法等。

第十章 茶树主要病虫害防控

一、茶树病虫害防控的重要性

梧州是六堡茶核心产区，产区内的茶树病虫害种类繁多、危害重。若在病虫害防治的过程中不能合理用药，导致农药残留超标，会污染环境，影响消费者健康。因此，实施病虫害综合治理是确保茶叶优质、高产和可持续发展的重要环节和关键要素。

图10-1　六堡镇悬挂天敌友好型色板进行病虫害防控

图10-2 梧州市农业科学研究所技术人员进行茶园病虫害发生情况调查

梧州市农业科学研究所通过调查梧州市六堡茶茶园病虫害情况后发现，六堡茶茶树病虫害以老茶区发生较重，新植茶园发生较轻，茶树病虫害以虫害居多，病害发生相对较少。为避免茶农盲目用药，生产中应采取预防为主、综合防治的策略，在了解病虫害规律的基础上，采取多种措施进行防治，从而达到经济、无公害的防治效果。下面将茶园常见的几种病虫害习性规律及综合防治措施介绍如下。

表 10-1 梧州市六堡茶茶园主要病虫种类

类别	病虫名称
食叶害虫	茶尺蠖、茶毛虫、茶角胸叶甲、茶丽纹象甲、茶潜叶蝇
吸汁害虫	假眼小绿叶蝉、茶蚜虫、黑刺粉虱、茶角盲蝽
钻蛀性害虫	茶枝镰蛾、茶天牛
真菌病害	茶饼病、茶芽枯病、茶轮斑病、茶圆赤星病、茶云纹叶枯病、茶炭疽病

二、主要害虫防治方法

针对茶树病虫害发生的新动态，在防治上应以提高经济效益、保护生态环境和茶叶生产可持续发展为目的，着重从强化茶园生态控制入手，大力推进农业、生物和物理防治方法，科学用药，提高病虫害防治水平，使茶叶生产逐步向绿色有机方向迈进。

（一）加强茶树栽培管理

加强肥水管理。施肥应以有机肥、农家肥为主，氮、磷、钾合理搭配；追肥以复合肥为主，控制尿素施用量，推广生物有机肥，提高茶树抗病虫能力。

合理采摘。按采摘标准，及时分批多次采摘茶芽，可明显地减轻茶小绿叶蝉、茶蚜、茶叶螨类、茶芽枯病、茶白星病、茶饼病等多种病虫害，对有病虫害的芽叶，还要注意重采、强采。

适度修剪。茶树进行适度修剪有利于茶树本身生长，培育出优良的树冠，更能对病虫起到防治作用。不同的病虫种类可采用不同修剪方式。如小绿叶蝉、茶蚜等害虫主要栖集在茶树表层叶片上，可采用轻修剪，剪去病虫枝条；对茎干病虫害和茶卷叶蛾等钻蛀性害虫可采用深修剪达到剪除效果；对长白蚧、粉虱类及地衣苔藓等发生严重的茶园，采取重修剪或台刈，有利于彻底防治。修剪与台刈可降低茶园病虫为害 23.6% ～ 31.8%，还可以恢复和增强树势。

清除病虫枝叶。修剪下来的带病虫害枝叶，要及时清理出园并进行焚烧或填埋。茶季结束后进行全面清园，及时将枯枝、落叶、杂草等清除出茶园，集中销毁或填埋。对虫口基数大的茶园，冬季喷施石硫合剂封园，消灭越冬的害虫和病原菌，有效降低次年病虫基数。通过冬季清园，第二年茶园病虫害可延迟 10 ～ 15 天发生，可降低病虫害 25.2% ～ 35.6%。

适时翻耕、松土灭虫。中耕可使土壤通风换气，促进茶树根系生长和土壤微生物的活动，使地下害虫受到机械损伤、埋入土壤深层或暴露于土表，破坏栖息场所，有利于天敌入土觅食，一般以夏秋季节浅翻 1 ～ 2 次为宜。

（二）采用机械或人工捕杀防病虫

人工摘除和捕杀。染病严重的病虫枝可人工剪除；对蛾类害虫，可摘除茶毛虫卵块、卷叶蛾虫苞、蓑蛾护囊，击碎枝杆上的茶叶刺蛾的茧。如茶毛虫、茶蚕较集中，可将带虫枝条剪下集中杀灭。茶蓑蛾也可进行人工捕捉。叶甲及象甲类害虫具假死性，可在树冠下铺塑料薄膜，拍打振动茶丛将虫振落，再集中消灭。对被害枝干上的蜡蚧类害虫、地衣、苔藓，可采取竹刀刮除的方法。

趋光性诱杀。用频振式杀虫灯或太阳能杀虫灯在茶园进行灯光诱杀，每

图10-3　虫害绿色防控设备设施

图10-4　技术人员在查看色板防控小绿叶蝉的效果

图10-5　简易信息素光源诱捕器

15 ～ 30 亩茶园安装 1 盏杀虫灯，灯离地面 1.5 m，对茶毛虫、茶尺蠖、茶卷叶蛾等害虫都有很好的防治效果，可减少使用农药 1 ～ 2 次。需要注意的是杀虫灯仅在害蛾盛行期开启，不可常年开启。

黄板诱杀。黄板诱虫是一种快速、简便、绿色环保的高效杀虫技术。利用茶小绿叶蝉、茶蚜虫、茶黑刺粉虱等害虫成虫对黄色的趋性，引诱害虫扑向带有黏胶的黄板上，将害虫粘住，达到防虫目的。一般每亩茶园悬挂黄板 20 ～ 30 张。

性引诱剂。在害虫蛾类始发、高发期，每亩茶蓬上悬挂性诱剂 1 套，隔 20 ～ 30 天更换 1 次。

（三）推广生物防治，保护和利用天敌资源

草蛉、瓢虫和捕食螨类天敌种群量大，控制害虫作用明显，应积极保护和利用。减少广谱性化学农药的使用，在害虫始发、高发期，大力推广应用生物农药，或使用性信息素诱捕害虫。大力推广应用苏云金杆菌、鱼藤酮和苦参碱等生物农药或植物源农药防治鳞翅目害虫，如茶毛虫、茶尺蠖，选用白僵菌防治茶丽纹象甲和茶小绿叶蝉。提倡幼龄茶园套种豆科或绿肥植物，梯壁留草。为天敌提供转换寄主和良好的繁衍场所，保护昆虫种群的多样性，有条件的地方可人工释放天敌昆虫。

图10–6　茶园悬挂天敌昆虫卵卡

（四）科学合理使用农药，避免滥用化学农药

合理选用农药，对症下药。因为茶叶是一种冲泡饮料，所以在选用农药时，要选用高效、低毒、无残留、对茶叶品质和茶园天敌昆虫无不良影响的农药。对于有机茶园，应该选择植物源农药品种、微生物制剂，杜绝在茶园中使用化学农药。茶尺蠖防治可采用生物农药（如茶尺蠖核型多角体病毒、苏云金杆菌、白僵菌等）和植物性农药（如苦参碱、鱼藤酮等），茶毛虫防治用茶毛虫病毒制剂、Bt 等，对于普通茶园，可选择农业部登记在茶树上的农药品种。

掌握防治适期。掌握防治适期施药，既能有效防治病虫，减轻茶树受害，又能减少施药次数和施药量。如茶毛虫、茶黑毒蛾的防治适期是 1 龄到 3 龄期；茶尺蠖是在 1 龄到 2 龄期。

讲究施药技术和方法。喷药时要用小孔径喷片喷雾，尽量把农药喷洒到目标靶体上，一般蓬面害虫实行低容量蓬面扫喷，茶丛中、下部害虫建议侧面低容量喷雾，以达到经济有效防治的目的。为了避免害虫产生抗药性，轮用、混用农药，避免单一使用一种农药，延缓病虫的抗药性。但在混合使用时，一定要根据说明操作，以免农药之间发生化学反应，影响药效。农药在茶叶中的残留时间不同，因此必须严格按照安全间隔期采摘，保证饮茶安全。

加强测报，注意防治指标。根据病虫的发生情况，准确了解其发生动态，坚持达到防治指标才下药。应在病害发生前期或病虫害初期开始喷施：小绿叶蝉第一峰百叶虫口 5 ～ 6 头，第二峰百叶虫量 12 头以上；茶黄蓟马百梢虫量达 100 头以上，在若虫高峰期前防治；茶丽纹象甲每平方米有成虫 15 头以上，应在成虫出土盛末期施药；茶蚜虫有蚜芽梢率 4%～ 5%，芽下二叶有蚜叶上平均虫口 20 头；茶尺蠖成龄投产茶园幼虫量头 7 头 /m^2 以上；茶毛虫百丛卵块 5 个以上；茶卷叶蛾和茶潜叶蛾百芽梢有虫 7 头以上；茶炭疽病芽梢发病率 35%；茶白星病叶发病率 6%；茶云蚊叶枯病叶发病率 44%，成老叶发病率 10%～ 15%；茶芽枯病叶发病率 4%～ 6%。

三、常见病害的发生与防治

（一）茶饼病

1. 发生

属于低温高湿性病害，一般在3—10月发病严重，多雨、丘陵、遮阴茶园发病重。该病主要危害嫩叶、嫩梢。嫩叶发病初期正面为淡黄色病斑，后期病斑凹陷，背面隆起，形成白色病斑，形似饼状。发病严重时，叶片中脉多扭曲畸形。

2. 防治

（1）加强茶苗木检疫。在调运或引进茶苗木时必须严格检查，发现病苗应立即处理，防止病害传入新建茶园。

（2）加强茶园管理，勤除杂草，增施磷钾肥，以增强树势，减轻发病。

（3）合理修剪。修剪选择在冬季，尽量避开发病盛期，减少侵染机会。

（4）生物防治。喷施3%多抗霉素可湿性粉剂300倍液或0.2%补骨脂种子提取物微乳剂750～1 500倍液。

（5）化学防治。发病初期，喷施70%甲基硫菌灵可湿性粉剂1 000倍液或50%多菌灵可湿性粉剂800～1 000倍液，一般连续喷洒2～3次，每次间隔7天左右；发病盛期，喷施25%吡唑醚菌酯乳油1 500倍液，一般连续喷施2次，每次间隔7～14天。

图10-7　茶饼病症状

（二）茶炭疽病

1. 发生

全年均可发生，一般在多雨季节发生严重。该病主要危害成叶，也可危害嫩叶和老叶。病斑多从叶缘或叶尖产生，水渍状，暗绿色圆形，后渐扩大成不规则形大型病斑，色泽黄褐色或淡褐色，最后变灰白色，上面散生小型黑色粒点。病斑上无轮纹，边缘有黄褐色隆起，与健全部分分界明显。

2. 防治

（1）加强茶园管理。及时拔除茶园杂草，增强茶园的通风透光性；增施有机肥、磷钾肥，提高茶树抗病性。

（2）及时修剪。在秋茶采摘结束后或冬季进行，修剪的病害或虫害枝叶带出茶园并烧毁或深埋，以减少茶炭疽病菌的生长繁殖。

图10–8　茶炭疽病症状

（3）湿度控制。多雨季节注意茶园排水，降低茶园湿度。

（4）生物防治。采摘期，可喷施 99% 矿物油 100 ～ 200 倍液，如连续使用，安全间隔 7 天左右；发病轻时，可喷施 1% 申嗪霉素 500 倍液。非采摘期，可喷施 0.6% ～ 0.7% 石灰半量式波尔多液防治。

（5）化学防治。发病初期，喷施 75% 百菌清可湿性粉剂 600 ～ 800 倍液；发病严重的茶园，可喷施 250 g/L 吡唑醚菌酯乳油 1 000 ～ 2 000 倍液或 70% 甲基硫菌灵 1 000 ～ 1 500 倍液。

（三）茶轮斑病

1. 发生

属高温高湿型病害，夏、秋两季发生重。该病主要为害茶的叶片、新梢，一般发生在成叶和老叶上，常从叶尖或叶缘开始，初为不明显的黄褐色小点，逐渐扩大为圆形或不规则形大斑，由褐色发展成灰白色，并有褐色相间的同心轮纹，病斑上生有许多黑色小点。

图10-9　茶轮斑病症状

图10-10　茶圆赤星病症状

2. 防治

（1）选用抗病或耐病品种。一般小叶品种对茶轮斑病抗性较强，常年发病严重的茶园，可改种中小叶抗病品种。

（2）加强茶园管理。适时修剪，并增施有机肥和磷钾肥，以提高茶树抗病力。

（3）生物防治。发病初期，可喷施 1% 申嗪霉素悬浮剂 1 000 ～ 1 500 倍液或 3% 多抗霉素可湿性粉剂 300 ～ 500 倍液。

（4）化学防治。发病严重时，可喷施 10% 苯醚甲环唑水分散粒剂 1 500 ～ 2 000 倍液或 70% 甲基硫菌灵可湿性粉剂 1 000 ～ 1 500 倍液。

（四）茶圆赤星病

1. 发生

主要发生在高湿、多雾的茶园，危害茶的嫩叶、成叶、嫩茎和叶柄。病部初生褐色小点，以后逐渐扩大成圆形病斑，中央凹陷，呈灰白色，边缘有暗褐色至紫褐色隆起线，中央散生黑色小点，潮湿时，斑上有灰色霉层。一张叶片上病斑数从几个到数十个，愈合成不规则形大斑，并蔓延至叶柄、嫩梢，引起大量落叶。

2. 防治

（1）加强病害监测预警。连续低温、高湿、无光照的天气，需加强茶园防冻工作，减轻发病。

（2）加强栽培管理。合理采摘，增施磷钾肥，以提高茶树抗病能力。

（3）化学防治。茶萌芽期或早春、晚秋发病初期，可喷施 75% 百菌清可湿性粉剂 800 倍液或 70% 甲基硫菌灵可湿性粉剂 1 000 倍液，连续 2 ～ 3 次，间隔 7 天左右。

（五）茶树日灼病

1. 发生

高温干旱天气易发生。主要危害茶树叶片、枝条。受害较轻时，在叶面产生淡灰白色、淡黄色和淡黄褐色伤斑，边缘不明显。受害较重时，伤斑为褐色至黑褐色，边缘较明显，周围略显淡黄色。

2. 防治

（1）种植抗旱、抗日灼的品种。可栽培叶片角质层较厚、叶脉较密、叶色较深的品种。

（2）茶园植树或种植绿肥。避免阳光直射，增强茶园空气湿润度，提高茶园土壤保水能力。

（3）高温、干旱天气及时补水，或喷施植物生长调节剂和叶面肥，提高茶树抗逆能力，减轻发病。

（六）茶芽枯病

1. 发生

主要为害幼嫩芽叶，不为害茎。受害部位初期出现褐色或黄褐色的斑点，芽叶边缘逐渐枯焦，颜色变深，病斑沿叶缘扩大，分界不明显。后期受害芽

图10-11 茶芽枯病症状

叶扭曲、卷缩、质脆，叶缘破碎，严重时，整个嫩梢枯死。病斑上散生许多黑色的小粒点。茶芽枯病属低温型病害，在低温高湿条件下发生严重。当平均气温在 10℃左右，最高气温 15℃，开始发病；旬均气温在 15 ～ 20℃时，病情发展迅速；旬均气温超过 20℃时，病情发展缓慢。需要注意的是，在温度适宜时，降雨天数多，相对湿度高能加速病害的发展。若在早春茶树芽梢遭受寒流侵袭，植株抗侵染力降低，有利于芽枯病菌的侵染。幼龄和成龄茶树、荫湿密蔽、枝叶茂盛及偏施氮肥的茶园发病较多。

2. 防治

做好茶园防冻工作，增施有机肥，增强茶树抗病力；春茶期提倡早采、勤采，茶树上尽可能少留嫩芽，以减少侵染机率，减轻发病；重病园块，秋末或早春组织人力摘除病芽；重病园块可在秋末和春茶萌发期各喷药 1 次，可用多菌灵、甲基托布津等药剂。

四、常见虫害的发生与防治

（一）茶小绿叶蝉

1. 发生

以成虫、若虫刺吸茶树嫩梢汁液，为害后受害芽叶叶缘变黄枯焦，叶脉发红，生长停滞硬化，甚至脱落。受害的芽叶制茶易碎，味涩，品质差。

2. 防治

（1）清除茶园杂草，减少越冬成虫和当年虫口密度。

（2）及时采摘，减少成虫产卵的场所和有卵嫩梢，抑制虫害发生。

（3）成虫发生高峰期，可用黄板诱杀。

（4）生物防治。喷施 0.3% 印楝素乳油 300 ～ 500 倍液、30% 茶皂素水剂 400 ～ 800 倍液，安全间隔 3 天。

（5）化学防治。虫害严重时，及时喷施 100 g/L 联苯菊酯乳油 1 500 ～ 3 000 倍液或 15% 茚虫威悬浮剂 2 000 ～ 2 500 倍液。

图10-12　茶小绿叶蝉

（二）茶角胸叶甲

1. 发生

1 年发生 1 代，以幼虫在土中越冬。4—5 月幼虫孵化后取食茶树根系，成虫咬食茶树叶片成孔洞，具有假死性。

2. 防治

（1）茶园可放鸡鸭啄食，降低虫害基数。

（2）利用成虫假死性，在成虫发生高峰期用拍打振落法捕杀成虫。

（3）生物防治。冬季距茶丛 20 cm 开浅沟后用 10 亿孢子 /g 球孢白僵菌颗粒剂 5 kg/ 亩处理土壤，降低幼虫、若虫基数；成虫危害严重时，可喷施 0.3% 苦皮藤素水乳剂 800 ～ 1 500 倍液、80 亿孢子 /mL 金龟子绿僵菌 CQMa421 可分散油悬浮剂 800 ～ 1 500 倍液，安全间隔 10 天。

（4）化学防治。喷施 10% 虫螨腈悬浮剂 2 000 ～ 3 000 倍液或 4.5% 高效氯氰菊酯乳油 1 500 ～ 3 000 倍液。

图10-13　茶角胸叶甲

（三）茶尺蠖

1. 发生

茶尺蠖俗名拱拱虫、拱背虫。幼虫主要危害嫩叶和成叶，常将叶片咬食成较大而光滑的“C”形缺刻，危害严重时，将茶树新梢吃成光秃，仅留秃枝。成虫具有趋光性。

2. 防治

（1）及时修剪。春茶采摘结束或秋冬季，及时进行轻修剪，收集整理茶树树根附近的落叶及表土等，以破坏茶尺蠖的越冬环境、降低虫害基数。

（2）科学施肥。重施有机肥、适当施用无机速效肥，以提高茶树植株的抗病虫能力。

（3）土壤翻耕。冬季茶园可通过深耕施基肥灭蛹。

（4）物理防治。成虫发生高峰期，可利用性诱剂诱捕器诱杀成虫；还可通过诱虫灯诱杀。

（5）生物防治。可喷施 0.5% 苦参碱水剂 500 ～ 800 倍液或 1% 苦皮藤素水乳剂 1 000 ～ 1 500 倍液。

（6）化学防治。茶园受害严重时，喷施 25 g/L 联苯菊酯乳油 1 500 ～ 3 000 倍液、5% 除虫脲乳油 1 000 ～ 1 500 倍液。

（四）茶毛虫

1. 发生

一般春、夏、秋季发生。幼虫常数十至数百头聚集在叶背取食下表皮和叶肉，留上表皮呈半透明黄绿色薄膜状。发生严重时茶树叶片被取食殆尽。茶毛虫幼虫、成虫体上均具毒毛、鳞片，触及人体皮肤后红肿痛痒，影响农事操作。

2. 防治

（1）秋冬季结合中耕培土适时灭蛹。

（2）冬季逐丛检查，摘除有卵叶片，带出茶园并烧毁或深埋。

（3）利用成虫趋光性，在茶园设置太阳能杀虫灯诱杀成虫；或使用性诱

图10-14 茶毛虫

剂加粘虫白板诱杀成虫。

（4）天敌控杀。人工释放寄生蜂等，减少茶园虫害基数。

（5）生物防治。幼虫期，可喷施0.5%苦参碱水剂500～800倍液、0.3%印楝素乳油300～500倍液防治。

（6）化学防治。3龄前幼虫期，可喷施15%茚虫威乳油1 500～2 000倍液或4.5%高效氯氰菊酯乳油1 000倍液防治。

（五）油茶宽盾蝽

1. 发生

以若虫和成虫吸食叶片、茶果汁液。吸食叶片常诱发病害发生，还会引起落果。

2. 防治

（1）人工捕杀成虫或若虫，摘除卵块，适时灭虫。

（2）合理修剪、施肥，减少茶树花果，可减少虫害发生。

图10-15 油茶宽盾蝽

（3）利用诱捕器诱杀成虫。

（4）化学防治。危害严重时，可喷施 25 g/L 溴氰菊酯乳油 2 500 ～ 6 000 倍液、150 g/L 茚虫威悬浮剂 1 500 ～ 3 000 倍液。

（六）茶天牛

1. 发生

幼虫蛀食枝干和根部，致树势衰弱，上部叶片枯黄，芽细瘦稀少，枝干易折断，严重时整株枯死。

2. 防治

（1）秋冬季结合深耕施有机肥，以提高茶树自身树势。

（2）利用茶天牛的趋光性，使用杀虫灯诱杀茶天牛。

（3）用天牛性诱剂诱杀成虫或清晨人工捕捉。

（4）化学防治。使用 10% 联苯菊酯悬浮剂 300 ～ 500 倍以药剂注射方式注入虫道内，然后用泥巴封口，可毒杀幼虫。

图10-16　茶天牛幼虫

（七）茶蚜

1. 发生

主要为害茶叶嫩芽和嫩叶，茶树受害严重时，嫩梢芽叶萎缩卷曲，生长停止，影响产量，降低品质，受害芽叶制成的干茶色暗，汤浊且带腥味，色、香、味均极低劣，蚜虫的排泄物“蜜露”会污染芽叶，诱致煤病滋生，影响叶片的光合作用。

图10-17　茶蚜

图10–18　受茶蚜危害的叶片

该虫一年发生 20 多代，以卵或无翅若蚜在茶树中下部芽梢腋叶间越冬。一年中以 4—5 月和 9—10 月发生较重。茶蚜在芽梢、嫩叶上刺吸繁衍，以芽下第一叶虫口最多。当芽头上数量到一定阈值或者芽头变粗老，蚜群中就陆续分化出有翅蚜迁飞到新的芽头上为害。

2. 防治

及时多次分批采茶；生物防治，蚜虫天敌很多，食蚜蝇、草蛉、瓢虫等对茶蚜抑制作用很大，应加以保护利用；药剂防治，主要使用吡虫啉、鱼藤酮、溴氰菊酯等。

（八）茶枝镰蛾

1. 发生

又名茶蛀梗虫、茶枝蛀蛾，俗称钻心虫，属鳞翅目，织叶蛾科。被害茶树枝条叶片失去光泽，叶片逐渐软化、萎蔫、下垂、变黄，进而上部枝叶枯死，最后茶树枝干被蛀成中空，整个枝干因营养输送中断而枯死，叶片枯黄脱落。老茶园中普遍发生。

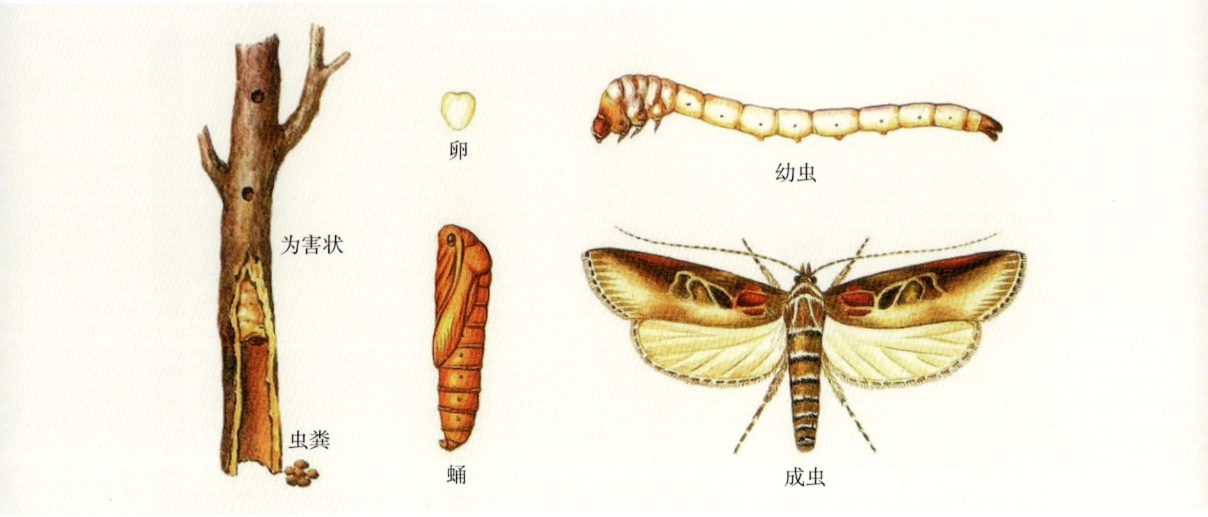

图10-19 茶枝镰蛾

图10-20
茶枝镰蛾成虫

图10-21 茶树受害后枝叶枯死

该虫一年发生 1 代，以老熟幼虫在枝干越冬，幼虫为害期长达 300 多天。7 月幼虫盛孵期，8 月茶园出现枯梢。1 ～ 2 龄幼虫为害小枝，3 龄后从小枝进入侧枝或主干处为害，枝干常有一列 3 ～ 5 个排泄孔，从孔中排出圆柱形粪便和木屑。

2. 防治

加强茶园管理，科学肥水，铲除茶园杂草，增强树势，适时采茶，发现有虫梢及时剪除，冬季、翌春要细心检查有虫枝并齐地剪除，及时收集风折虫枝，集中烧毁或深埋；根据成虫趋光性利用黑光灯进行诱杀；药剂防治可以使用敌敌畏乳油塞进虫孔后用泥封住，毒杀幼虫。

第十一章

茶叶采摘

茶叶采摘是茶树栽培的收获过程，又是茶叶加工的开端，是联系茶树栽培与茶叶加工的纽带。茶叶采摘的好坏关系着茶叶产量的高低、品质的优劣，同时影响着茶树的长势和经济寿命。

一、采摘标准

（一）细嫩标准

细嫩指茶芽初萌发或初展 1 ～ 2 叶时进行采摘的标准。六堡茶社前茶采摘以一芽二叶为主。

（二）适中标准

当新梢伸展到一芽三四叶时，采下一芽二三叶及同等嫩度的对夹叶。这个标准的茶叶产量相对较高，品质较好，经济效益也比较高。六堡茶春茶一般采用这个采摘标准。

（三）成熟标准

按照习惯，六堡茶采摘标准最为常见的是一芽三四叶以及同等嫩度的对夹叶。在茶区，茶农也有在霜降前后采摘成熟叶片加工成“老茶婆”的习惯。

二、采摘时期

（一）采摘季节

有农谚说，“早采三天是个宝，晚采三天变成草”。茶树的季节性很强，不违农时，及时抓住开采时期与各批次的采摘周期，适时停采，是采好茶的关键。

我国大部分产茶地区，茶叶生长有明显的季节性。如江北茶区（山东日照）新梢生长期5月上旬至9月下旬；江南茶区（浙江杭州）新梢生长期为3月下旬至10月中旬；西南区（云南勐海）新梢生长期为2月上旬至12月中旬；华南茶区（海南岛）新梢生长期为1月下旬至12月下旬。

一般而言，地处亚热带的茶区，大都分春、夏、秋季采茶。但茶季没有统一的划分标准，有的以时令分：清明至小满为春茶，小满至小暑为夏茶，小暑至寒露为秋茶；有的以时间分：5月底以前采收的为春茶，6月初至7月上旬采收的为夏茶，7月中旬开始采收的为秋茶。地处热带的我国华南茶区，除了分春、夏、秋茶外，还有以新梢轮次分的，依次称头轮茶、二轮茶、三轮茶……

六堡茶产区可以从2月采到11月。

图11-1　采摘野生茶

（二）开采期

因气候、品种以及栽培条件的差异，茶树每年每季新梢发芽的迟早、生长速度是不同的。即便是处于同一茶区，甚至同一茶园，年与年之间开采期也可以相差 5 ～ 20 天。就茶树品种而言，根据其萌发的迟早可划分为特早型、早芽型、中芽型和迟芽型 4 种。

一般认为，在手工采摘条件下，茶树开采期宜早不宜迟，以略早为好。特别是春茶开采更是如此。提早开采，可延长采期，降低生产原料进厂的峰值，原料细嫩，加工成的茶叶品质高，售价也高。茶树营养芽经过越冬期休眠以后，积累了比较多的养分，加上我国茶区春季气候温和，雨量充沛，茶树春梢萌发力强，生长整齐旺盛，如不适当提早开采，采摘期掌握不当，采摘洪峰期就特别明显，遇上春季升温较快时，芽叶生长快，往往会因不能及时采摘，影响茶叶品质。一般来说，春茶 10% ～ 15% 的新梢达到采摘标准，就应开采，夏、秋茶以 5% ～ 10% 的新梢达到采摘标准则应开采。

三、采摘原则

茶叶产品对原料嫩度要求高，不同嫩度的原料适制不同的产品，掌握生产目标，适时采摘，对产品质量和茶树生育影响很大。

（一）按标准及时采摘

不违农时是农业生产中的重要原则，茶叶生产的季节性尤为明显，抓住季节及时采摘是采好茶的关键。若一批、一季采摘不及时，会影响全年甚至多年的产量和质量。

新梢萌芽后，随着时间的推移逐渐成熟，如不及时采摘，茶叶品质会下降。因此，当茶芽长至六堡茶原料标准要求时，就应及时采下，促进腋芽和潜伏芽的萌发，从而促进梢轮次增加，有效地提高全年芽叶的质量和产量。

达到标准的先采，未达标准的后采。开采后 10 天左右便可进入旺采时期。在旺采时期内，要尽量争取时间，把采摘面上可采的新梢采下，每隔 2 ～ 3

天采一批。从开采次序上来说，先采低山后采高山，先采阳坡后采阴坡，先采沙土后采黏土，先采早芽种后采迟芽种。

（二）分批多次采摘

根据茶树发芽不一致的特点，通过分批多次采摘，可做到先发先采，先达标准的先采，未达标准的留后采，这对于促进茶树生育和提高鲜叶产量和质量都十分有利。

（三）依树势、树龄留叶采摘

茶树不同的年龄阶段有其自身的发育规律。合理的茶叶采摘就是要根据茶树不同阶段的生育特点，采取不同的采留制度，使之既有较高的产量，又保持生育旺盛的树势。

1. 幼年茶树的采摘

幼年茶树营养生长较为旺盛，树冠和根系正处于大量增长时期，顶端优势明显，多为单轴分枝，这一时期的采摘是茶树定型修剪的重要辅助手段，必须贯彻“以养为主，以采为辅”的原则。也就是在定型修剪的基础上，配合良好的肥培管理，通过合理的打顶采（当新梢长至一芽五六叶时，摘除顶端的一芽一二叶，注意采高养低，采顶留侧），进一步培养骨干枝，使各轮生长枝能够均匀分布，促进理想树冠结构的形成。

一般茶园基础好，肥培管理水平高，幼年茶树生长势良好的，可在 2 足龄（第一次定型修剪后）时养好春、夏茶，到秋季当树冠高度超过 60 cm 以上时分批打头（或称打顶）至茶季结束；3 足龄茶树春茶末时打头采，夏茶留 2 ～ 3 叶采，秋茶留鱼叶采；4 足龄茶树春茶留 1 ～ 2 叶采，夏茶留 1 叶采，秋茶留鱼叶采。

2. 成年茶树的采摘

成年茶树生长健壮，树冠大而茂密，茶树根系发达，布满整个行间，吸收和同化面积大，枝叶生长旺盛，新梢的生长点多，茶叶产量可达高峰。因此，成年茶树坚持“以采为主，以养为辅，采养结合”的原则，到达高产稳产。

3. 更新茶树的采摘

更新后要重新塑造理想树冠。对于改造后茶树的采摘，在树冠未达到一定覆盖度之前，要特别强调“以养为主，采养结合”的原则，采摘只能作为配合修剪、养好茶树的一种手段。

更新茶树的采摘应根据修剪的时期和程度不同而异。深修剪茶树在修剪当年春茶留鱼叶采，并提早结束，于5月上旬进行深修剪。剪后必须留养一季新梢，在新梢生长末期打头采，秋茶留鱼叶采；第二年轻剪后，即可按成年茶树的要求进行正常采摘。重修剪茶树，当年夏茶留养不采，秋茶末期打头采；第二年春茶前定型修剪，春茶末期打头采，夏茶留2叶采，秋茶留鱼叶采；第三年春茶前轻剪，春茶留1～2叶采，夏茶留1叶采，秋茶留鱼叶采，以后即正常留叶采。台刈茶树，当年夏茶留养不采，秋茶末期打头采；第二年春茶前第一次定型修剪，春、夏茶末期分别打头采，秋茶留鱼叶采；第三年春茶前第二次定型修剪，春茶留2～3叶采，夏茶留1～2叶采，秋茶留鱼叶采；第四年春茶前轻修剪，进入正常留叶采。

四、手采方法与方式

手采是茶叶传统的采摘方法，也是目前生产上应用最广泛、最普遍的采摘方法。它的特点是采摘精细，掌握灵活，采摘批次较多，采期较长，能采得质量特优的芽叶，树体损伤小，特别适合名优茶的采摘。其主要缺点是手采费工费时，工效低，成本高。

（一）手采方法

手工采茶的基本方法可分为打顶采摘法、留真叶采摘法和留鱼叶采摘法3种。

1. 打顶采摘法

打顶采摘法又称养蓬采摘法。这是一种以养为主的采摘方法，适用于扩大茶树树冠的培养阶段，一般在2龄的茶树或茶树更新复壮后1～2年时采用。在新梢长到一芽五六叶以上，或者新梢将要停止生长时，实行采高养低，采顶留侧，采摘顶端一芽一二叶，留下新梢基部三四片以上真叶，以进一步促进分枝，扩展树冠。

2. 留真叶采摘法

留真叶采摘法是一种采养结合的采摘方法。这种方法既注重采，也重视留，具体采法视树龄树势而定。一般待新梢长至一芽三四叶时，采摘一芽二叶为主，兼采一芽三叶，留下一二片真叶在树冠上不采。但遇二三叶幼嫩驻芽梢，则只留下鱼叶采摘，强调采尽对夹叶。

3. 留鱼叶采摘法

留鱼叶采摘法是一种以采为主的采摘方法，也是成年茶园的基本采法，适合名优茶和大宗红茶、绿茶的采摘。具体采法是待新梢长至一芽一二叶或一芽二三叶时，留下鱼叶采下嫩梢。

（二）手采方式

采摘手法，因手指的动作、手掌的朝向和手指对新梢着力的不同，形成各种不同的方式，主要有折采、提手采。不能用一些不当的采姿如捋采、扭采、抓采等进行手采，以免影响采摘鲜叶的质量。

1. 折采

折采又称掐采，这是对细嫩标准采摘所应用的手法。左手接住枝条，用

图11-2 折采（茶娘刘锦芳供图）

右手的食指和拇指夹住细嫩新梢的芽尖和一二片细嫩叶，轻轻地将芽叶折断采下。凡是打顶采、撩头采都采用这种方法，此法采摘量少，效率低。

2. 提手采

提手采是手采中最普遍的方式，现大部分茶区都采用此法。掌心向下或向上，用拇指、食指配合中指，夹住新梢所要采的部位向上着力采下，然后投入茶篮中。双手采是运用提手采的手法，两手相互配合，交替进行采摘的方式。双手采效率高，每天每工多者可采 35 ～ 40 kg，少者可采 15 ～ 20 kg。在没有机采的茶园，采用双手采是一种很好的方法。

（三）鲜叶贮运

鲜叶采下来后失水加快，呼吸作用增强，需要及时散发热量，因此适宜采用清洁、通气性良好的竹编、网眼茶篮或篓筐盛装采摘下的鲜叶。鲜叶应妥善防护，不能暴晒、雨淋，以防水分的过度流失。鲜叶要及时运抵茶厂，防止变质，影响茶叶品质。运输鲜叶的工具应清洁卫生，不得密闭，防止重力挤压。运输鲜叶时禁止与其他易污染的物品混运。

五、机械化采摘

采茶是茶叶生产中耗费劳动力最多的环节，随着劳动力的日益紧张，机械化采茶已成为茶叶生产中最为迫切的需求，在采茶工供应不足和采摘成本大幅上升的双重压力下，推广茶园的机械化采摘无疑是解决茶叶采摘用工难题的重要手段。我国多数茶区，特别是名优茶产区，仍主要采用人工采摘。例如江苏省只有部分加工中档茶、碾茶和抹茶茶企使用采茶机，茶叶采摘仍以人工为主。调研发现，陕西汉中市茶叶机械化采摘（机采）茶园占投产茶园的 9.2%，广西柳州市机采面积占全市茶园总面积的 2.3%。

梧州属典型山区，素有“八山一水一分田”的说法，茶园多建立在坡度较大的山地，立地条件差，不利于机械化作业。以六堡镇为代表的六堡茶主产区，茶园整体不平整，坡度大，梯级宽度多为 1 m 左右，无法设置适合机械作业的通道，且部分茶山乱石丛生，造成采摘机械田间作业空间狭窄，运

图11-3 机械化采茶

行和转弯困难等问题，难以实施大型机械化作业，只能采用单人或者双人小型采摘机械，作业效率低，劳动强度大。六堡茶的品种以苍梧县群体种为主，良种化程度极低，茶树品种混杂，性状参差不齐，发芽期、节间长短、蓬面高低等皆不一致，难以进行机械化采摘。针对坡地茶园的机械特别是耕作机械的技术攻关力度不够。由于茶树具有一定高度且行间距较小，丘陵地区的茶园管理一直难以实现全面机械化。梧州茶园普遍建立在坡度较大的山地，不便于机械操作，而目前国内外研发生产的茶园管理机械以平地或缓坡作业为主，针对山地茶园适用机械的研发攻关还很欠缺。

梧州市主要是单人平形采茶机，以日本进口及合资品牌为主，采摘效率高、效果好，并较好地改善了人工采茶的漏采等问题。此外，电动小型采茶机因其轻便、节能、低价等优势也受到农户欢迎。据调查，机械化采摘多用于夏秋茶，极少用于春茶。

为促进茶叶生产的机械化进程，需要从以下 3 方面努力。一是科技人员要研发和引进适用机械，因地制宜，研发陡坡茶园适用的机具。根据本地地形条件、茶树品种、加工工艺等，研发和引进陡坡茶园适用的采茶设备以及适宜机械化生产的配套种植技术。二是要改良茶树品种，提高种植技术。无性系茶树良种是开展茶园机械化生产的前提和基础，品种的纯度对机械化采摘的影响尤其大。针对梧州市茶树良种化程度低、难以进行机械化生产、效益低下的现状，应加强适宜机械化生产的茶树良种选育和引进工作，加强茶园管理，提高机械操作便利性。三是加强人才培养和技术培训。提高茶园生产机械化，科技培训和人才培养很关键。要逐步建立并完善茶叶科技服务体系，并以农业推广服务体系为依托，以企业、合作社和种植大户为重点服务对象，加大培训力度，培养一批懂种植、会操作的茶园管理和机械化生产能手，通过辐射带动，以点带面，加强示范，逐步推进六堡茶茶园生产机械化。

第十二章
生态茶园建设

随着人们质量安全意识的提高，建设生态茶园、提供更加安全优质茶叶的需求愈发迫切。

生态茶园是以茶树作为生态系统中主要物种，按照社会、经济和生态效益协调发展，以生态学和经济学原理为指导，结合茶树生长规律，因地制宜地在园区内合理配置不同物种，配备完善相关设施，科学施肥，绿色防控，建设而成的生态系统稳定、可持续利用的茶园。

一、生态茶园环境条件

生态茶园要求环境良好，空气清新，水质纯净，茶园土壤 pH 宜在 4.5 ～ 6.0，土壤有机质含量宜在 1.5% 以上，茶树种植面积宜占茶园总面积的 60% ～ 70%，其他植物种植面积宜占茶园总面积的 30% ～ 40%。茶园远离城区、工矿区和交通主干线，远离有毒有害物质排放污染源。园地水土保持良好，园林植被丰富，生物多样性水平好。

二、生态茶园建设规划

生态茶园的开垦应选择坡度 25° 以下地块。维护茶园原有水系，合理地保护和保留茶园原有林木植被。在上风口保留或新植林木作为防护林带；在茶园园内主要道路、沟渠两侧或一侧种植行道树；在茶园四周保留或种植林木或植被作为隔离带。茶园内裸露、荒秃的空地以及梯级茶园的裸露梯壁等地应保留自然植被或新种植被，在园内空地适当种植遮阴树；地表覆盖率达

70% 以上。茶园内行道树、防护林、隔离林、遮阴树、绿肥、植被宜选择适应当地气候的物种。

茶园主干道与园外道路连接，茶园支道与主干道相连，茶行与茶行、茶行与支道之间设置步道。坡地茶园道路应按“之”字形或“S”形绕山开筑。

茶园水利设施系统完善，合理布置和建设相关水利设施，有效控制茶园水土流失。茶园与周边荒山、林地及农田等非茶园地块的交界处开设隔离沟，沟深、沟宽宜 50 ～ 100 cm。山凹及主要道路内侧修建排水沟。

三、生态茶园生产管理

茶树品种应合理选配，种植早、中、晚生以及不同抗性的茶树良种，生态茶园茶树种植宜满足良好自然生长的需要，栽植后注意抗旱、防涝。

茶苗种植前应施底肥，施肥时开挖种植沟，沟深、沟宽 40 ～ 50 cm，底肥以有机肥为主，施肥后覆土 20 cm。

单行条植适于陡坡窄幅梯坎茶园，丛距 25 cm，每丛种茶苗 1 ～ 2 株，每亩种植茶苗 2 000 ～ 3 500 株。双行条植适于缓坡或宽幅梯坎茶园。行距 150 ～ 180 cm，条距 30 ～ 40 cm，丛距 33 ～ 35 cm，两小行茶丛交叉排列，每丛种植茶苗 1 ～ 2 株。

茶苗种植时根系收拢向下，覆土应埋没根茎处，种植后压紧踏实表土。栽植后注意抗旱、防涝、保苗。土壤深厚、松软、肥沃，树冠覆盖度大、病虫草害少的茶园可实行减耕或免耕。耕作时应结合当地降水情况，防止水土流失，深耕宜结合施用有机肥。宜实施测土配方施肥，注意平衡施肥、基肥和追肥以及有机肥和化肥的配合施用。

平地和宽幅梯级茶园在茶树种植行中间开沟施肥，坡地和窄幅梯级茶园在上坡位置或梯级内侧开沟深施；基肥施肥深度 20 cm 以上、追肥施肥深度 10 cm 左右，施肥后及时覆土。茶园施肥以有机肥为主。

茶园可结合树龄和种植方式，适当套种、间作绿肥。修剪枝叶宜留在茶园内培肥土壤。

四、有害生物绿色防控

从茶园整个生态系统出发，综合运用农业防治、生物防治、物理防治等各种防治措施，创造不利于有害生物孳生和有利于各类天敌繁衍的环境条件，保持生态系统的平衡和生物的多样性，采用人工捕杀，灯光、色板和食饵诱杀等方式杀灭害虫。

保护和利用茶园中的蜘蛛、瓢虫、捕食螨和寄生蜂等捕食性和寄生性天敌。使用生物农药如微生物源农药、植物源农药、动物源农药和矿物源农药等，所使用的农药应取得法定登记许可。增施有机肥和钾肥提高抗性，合理修剪，增强通风透气，施用石硫合剂和矿物油等封园。

图12-1　生态观光茶园

第十三章

茶园气象灾害与防护

茶树在生长过程中，易受到寒冻、旱热、水湿等气象灾害，这些气象灾害轻则影响茶树生长，重则使茶树死亡。因此，提前准备防御措施，及时进行灾后补救，是茶树栽培过程中不可忽视的重要问题。

一、茶园低温危害应对措施

茶园低温危害包括寒害和冻害。寒害（或称冷害）是指茶树在其生育周期内遇到反常的低温而遭受的灾害，低温温度一般在 0℃以上，如春季的寒潮、秋季的寒露风等，低温危害常导致茶树萌芽推迟，生长缓慢。冻害是指低空温度或土壤温度短时期降至 0℃以下，茶树植株体内发生冰冻，造成茶树冻害甚至死亡的现象。茶树受冻轻者仅嫩梢叶片边缘、顶芽出现轻微损伤变色，对枝条影响不大；稍重者枝梢受冻，成龄叶片变色，腋芽变暗变褐；较重者部分枝梢干枯；严重冻害则会导致骨干枝和树皮冻裂，表皮与枝干分离，甚至主干纵裂、枝条枯死，树体死亡。

（一）茶树冻害类型

茶树冻害可分为冰冻、干冻、雪冻、霜冻 4 种类型。根据茶树的生长季可将冻害分为越冬期冻害和萌芽期冻害 2 种类型，其中萌芽期冻害主要是霜冻，对来年春茶的产量和品质影响最大。

1. 冰冻

低温会引起细胞间的自由水结冰，从而引起细胞收缩，细胞内的水分逐渐向外渗透，当细胞间的冰晶越结越大，细胞浓度不断增大，将使原生质脱水变质而凝固，导致细胞死亡。茶树越冬期出现雪后连续阴雨结冰，茶叶由于蒸腾失水过多而出现寒害，受害叶呈干枯状。此外，土壤结冰使得茶苗根部松动，细根拉断，干枯死亡。

2. 干冻

在强大寒潮袭击时，气温急剧下降，加之干冷风吹袭，茶树体内水分迅速蒸发，从而水分平衡被打破，形成生理干旱，叶片多呈现青枯状卷缩，随后脱落，严重时茶树枝条干枯裂开。

3. 雪冻

对留养长梢的树型或乔木型茶树，积雪过厚易使部分枝条折断受损；在融雪过程中若再遇低温会使树体和土壤结冰；当温度突然升高迅速解冻时，茶树生理机能较活跃，细胞间隙水却很快蒸发，使原生质失水。因此，反复冻融更易造成茶树冻害，受冻的位置大部分出现在上部树冠，向阳面往往受害较重。

4. 霜冻

霜冻是受冷空气的影响，地面和茶树辐射散热，地面温度骤降到0℃以下发生的现象。霜冻造成芽叶焦灼，严重影响茶叶的质量和产量。

（二）茶园低温冻害的应急措施

1. 熏烟防冻

低温来临前，根据风向、地势、面积，在茶园合适角落点燃稻草、锯末、谷壳、杂草等发烟物，熏烟起到“温室效应”作用，防止土壤和茶树表面失去大量热量。

2. 喷水防冻

具备喷灌条件的茶园，当气温下降至0℃左右，可通过喷灌系统向茶树喷水有效控制冻害。

3. 吹风防霜

规模化茶园可以安装防霜机，在霜冻来临时开机吹风，扰动近地逆温层空气，将茶园上空暖空气强制对流至茶树冠层，可有效提高树体表层温度，从而避免或减轻霜害。

（三）受冻茶园的护理复壮

1. 适时修剪

冬季受冻的茶园，在气温回升后新梢萌发前，视受冻轻重进行不同程度地修剪。只有叶片边缘受冻的茶树，不用修剪；受冻害轻的，可采取轻修剪，以剪口比冻死部位深 1 ～ 2 cm 为宜；受冻严重的则进行深修剪、重修剪或台刈。为减轻春茶减产幅度，受冻害轻的茶园可采取以采代剪的方式，在春茶后轻修剪或深修剪，平整冠面。采大宗茶为主的机采茶园修剪，要掌握“照顾多数，同园一致”的原则。对于幼龄茶园，如果冻死率低于 40%，可采用定型修剪，剪去部分枯枝，并补植缺丛。对于受到早春霜冻的茶园，应及时采下没有受冻的正常芽叶。若枝条受冻严重，应及时剪去顶部受冻部分，修剪程度视受冻程度而定，将冻死的嫩芽与枝梢剪去，刺激剪口以下芽叶提前萌发。

2. 肥水管理

受冻茶树在修剪后，有旱情的应及时灌溉，并结合浅耕追施速效肥料，并配施一定量的磷、钾肥；气温稳定在 10℃以上后，要多次追施速效氮肥；进入秋季则应早施有机肥，适当增施磷钾肥；在新枝叶片成熟后还可以进行叶面施肥。

3. 树冠培养

受冻茶树在修剪后，应加强留叶养梢恢复树势。对轻度受冻茶园，春茶推迟开园，适当留叶采摘。对于轻修剪茶树，在春茶后期适当留一叶采，夏、秋茶适当多留叶；受冻严重并采用重修剪或台刈的茶园，需重新培养优质高产的树冠，留养春梢，夏梢不采或打顶采，待树势恢复后才正常采摘。

4. 病虫害防治

茶树受冻后更容易诱发多种病虫害，要加强茶树病虫害的预警管理。修剪后立即将修剪枝全部清理出园，并喷施 0.3 ～ 0.5 波美度石硫合剂。茶树重修剪 20 天后，应注意观察新芽抽发情况和虫情，及时做好害虫的防治工作，以保障新枝茁壮生长。

二、茶园旱害、热害应对措施

茶树对温度、湿度和水分条件较为敏感，茶园易受高温干旱等极端天气的危害。因此，掌握旱害、热害的防治技术以及灾后补救措施，对于减轻茶园的损失具有十分重要的意义。

（一）加强夏季茶园管理

1. 及时灌溉

茶园灌溉是防御旱害、热害最直接有效的措施，因此有灌溉条件的茶园要千方百计地调度水源，采用滴灌、喷灌等方法进行灌溉。抗高温干旱、防高温灼伤，以喷灌整体效果最佳，抗旱则以滴灌最为节水。有固定或移动喷滴灌设施的应尽量使用设施喷灌，高温天气喷灌浇水应在清晨、傍晚时进行，有条件的可早晚各喷洒一次，灌溉水量以土壤相对湿度达 90% 为好。

2. 遮阴覆盖

茶园遮阴和地表覆盖可有效减轻水分的蒸发。茶园搭盖遮阳网可避免阳光直射，降低温度，减少蒸发，可采用架棚覆盖或冠面覆盖，架棚覆盖是在茶园离地 1.8 ～ 2.0 m 处搭棚架，覆遮阳网；冠面覆盖则把遮阳网直接盖在茶树蓬面上，固定周边即可。

在茶树行间铺草或用植物茎秆、防晒地膜等进行地面覆盖，尽可能把裸露的地表全覆盖，也能有效降低地温、减少土壤水分蒸发，提高茶树高温抗逆能力，对幼龄茶园可应用稻草直接覆盖茶园，抗高温干旱效果更为显著。此外，幼龄茶园应特别注意，由于幼苗根系浅，抗旱害和热害能力极低，遮阴培土也是有效的防护措施之一。

3. 防控病虫害

选用诱虫板诱杀，悬挂高度为茶蓬上方 20 cm，放置 2 ～ 3 周，宜于茶园修剪后使用。6 月底至 7 月为茶毛虫为害高峰，6 月初和 8 月是成虫发生高峰。使用杀虫灯持续诱杀成虫，光源应高于茶蓬 40 ～ 60 cm，每天日落后工作 3 h。害虫密度较高时，可喷施生物农药。

（二）受旱后茶园如何管理

1. 及时修剪

受旱严重的茶树，旱情过后应及时修剪，根据枝叶干枯程度，采取轻修剪、深修剪甚至台刈的方式，剪除枯死枝干，重新培养良好树冠。

2. 适时补苗

幼龄茶园易发生茶树死亡，干旱过后应及时补苗，避免缺株断行。

3. 合理施肥，恢复树势

幼龄茶园干旱季节可用0.5%磷酸二氢钾水溶液进行根外追肥。投产茶园在干旱后可开沟施用复合肥或有机肥，施肥量根据茶树种植密度、长势等确定。一般可每亩施复合肥20～30 kg，有机肥500 kg以上，也可适当喷施叶面肥。

三、洪涝灾害天气应对措施

（一）提前做好防范措施

密切关注天气预报，在强降雨来临前，加强茶园巡查，做好茶园棚架、生产设施等的加固工作；提前检查疏通茶园排灌沟渠，抢挖排水沟，对低洼地或地下水位较高的茶园，要注意深挖排水沟；提前转移置于低洼处的茶叶、生产资料和设备等，做好防范强降雨准备。

（二）抓好茶园抢修

强降雨过后，对已积水的茶园，要及时排水。对雨后积水过多的茶园和幼龄茶园，可用水泵直接抽水；对低洼地或地下水位过高的茶园，开挖深沟排水。抓紧修复水毁茶园道路、沟渠等农业基础设施。及时整修道路、沟渠和梯坎，防止次生灾害发生。特别要注意遭遇塌方与泥石流破坏的茶园，必须在巡查确认地质状况稳定后再进行清理与修复工作。对发生泥石流的茶园，可在其上方修建截水深沟，阻断地表径流，补植保护植被。

（三）加强茶园树体管理

强降雨过后，及时清理茶园冲积的泥沙、石块等污染杂物和树冠上的污泥杂物。茶园地表土干燥时，及时进行浅耕松土，恢复土壤的通透性；对于幼龄茶园要及时扶正倒伏树体，培土覆盖根系。对水淹时间过长、伤根严重、叶片出现明显萎蔫症状的茶树，在排水、清沟排渍、表土干燥后，根据树体情况开展轻修剪、深修剪，清除断枝。

（四）做好茶园施肥管理

茶园受涝害后茶树根部受损严重，对肥料吸收减弱，不宜进行根部施肥，待雨后天晴可选用 0.1% ～ 0.2% 的磷酸二氢钾、尿素或其他叶面肥进行叶面喷施补肥，每隔半个月左右一次，连喷 2 ～ 3 次。待树势复壮后，再施有机肥或化学肥料，进行根部追肥。

（五）病虫害防治

强降雨后易出现高温高湿天气，给病虫害创造了有利环境，受灾茶园要特别注意防范病虫害，做到及早发现、及早防治。重点防治以茶白星病、茶炭疽病、茶小绿叶蝉为主的病虫害。

第十四章

低产茶园改造

梧州市部分茶园建园基础差，管理粗放，茶树长势衰弱。据本书课题组调查，六堡茶低产茶园亩产仅有 30 kg 左右，远低于国内茶园亩产量平均水平。据不完全统计，低产茶园占梧州市投产茶园面积的 5% 左右，对低产茶园进行改造，对保证茶园高产稳产，提高茶农经济收入，促进梧州市六堡茶产业整体提质增效具有一定的现实意义。

一、低产茶园形成原因

（一）茶园建设基础差

部分茶园选址不当，地形比较复杂，立地条件差，坡度超过了 30°，极少数茶园坡度高达 45°。陡坡为道路和水利设施建设增加了难度，道路和排蓄水设施不完善。茶园坡度过大不利于修建梯式茶园，所以有些茶农不得已采用了顺坡种植。或者茶园所在地土壤贫瘠，土层浅薄，有机质缺乏，水肥气热不协调，没有按照生态茶园管理模式进行规划，生态环境恶劣，茶园建成后水土流失严重。

园地开垦不符合规范要求，开梯级时表土在下，心土在上，忽略土壤熟化环节，梯面表层土壤肥力差。种植前没有开挖种植沟，底肥不足影响了茶树的长势，甚至成活率降低，出现缺行断丛。

图14-1 高产茶园

图14-2 管理不当的低产茶园

图14-3 树势衰老的低产茶园

（二）树龄过长、树势衰退

老茶园多是在 20 世纪 90 年代建园，茶树树龄过长，栽培管理技术不当，茶树出现早衰，代谢水平降低，生命活动减弱，鸡爪枝增多，养分和水分无法正常输送，枝干不断干枯死亡，绿色层减少，以致茶叶产量、品质大大降低。

（三）品种结构不合理

梧州市主要种植的茶树品种为苍梧县群体种，该品种没有进行提纯复壮，性状混杂，表现在发芽期不一致、芽叶大小和颜色不一致，该品种虽然加工六堡茶品质优良，但是群体种生机不旺、产量不高，且难以实现机械化管理。

图14-4　树势衰老的茶树

（四）茶园重种轻管

因企业或者茶农不重视茶园管理，茶园过早出现枝条稀疏、绿叶层薄、对夹叶比较多等未老先衰现象，尤其是农户管理的茶园，更是缺少科学的管理常识，不施肥或施肥过多，土壤板结，肥力大大降低，茶树花果较多，茶园的产出能力减弱。大部分茶园存在不修剪或者修剪时间不当等现象，尤其是忽视定型期的管理。缺乏科学的定型修剪，投产茶树树型结构不良，没有形成良好的采摘蓬面。另外茶园管理不进行中耕，只有极少部分茶园结合除草进行一次浅耕，久而久之土壤耕作层变得浅薄板结，通透性和保水保肥力不强，土壤养分不足，根系活动减弱。

二、低产茶园改造关键技术措施

（一）改良土壤

土壤是茶园生产的基础。高产茶园一般具有土层深厚、有机质含量高、保水保肥力强、水肥气热比较协调的性状。深翻改土可以使根系得到充分发育，是低产茶园改造的有效技术措施。

深翻改土宜选在秋末冬初进行，深耕厚度 30 cm 以上，尽量做到表土和底土互换，促进土壤熟化，逐步加厚耕作层。同时增施大量有机肥，配合磷钾肥使用，增加有机质，改善土壤结构，提高土壤肥力。深耕会损伤部分根系，但茶树断根后会很快发出白色嫩根，半年后就可以形成健全的有效吸收根系，利用深耕对根系更新的作用可以促进树势更新。

（二）改造树冠

合理的树冠结构和茶树高度，不但是良好园貌园相、高产优质的体现，也是生态环境优化的体现。通过修剪措施对衰老茶树进行改造，可以提高其生理机能，重新培养良好的树冠，复壮树势，扩大采摘面。利用茶树的再生

图14-5 低产茶园改造效果（左侧茶树重修剪，右侧茶树未重修剪）

特性，视情况进行深修剪、重修剪和台刈，以更新树冠、复壮树势。修剪时间选择在春茶结束后夏茶开始前，此时雨水充足，茶芽萌发力强、生长快。修剪前最好施入较多的有机肥和磷钾肥。

深修剪适宜鸡爪枝丛生，生产枝比较细弱，育芽能力低，新梢中单片叶和对夹叶较多，而茶树骨干枝生长比较旺盛的茶树。修剪时剪去顶部 10 ～ 15 cm 的新梢。重修剪适宜未老先衰、骨干枝和分枝仍有较强生长能力，采取深修剪已经不能恢复生长势的茶树。修剪时剪去离地面 35 ～ 40 cm 以上的枝叶，刺激新梢萌发，重新培养树冠。台刈适宜严重衰老的茶树。这类茶树通常枝干灰白，大部分枝条育芽能力衰弱，新梢中对夹芽叶占大多数，即使增强肥培措施产量依然不高，改造时离地面 5 ～ 10 cm 处剪去全部枝干，切口要平滑，不撕裂茎杆。修剪时间务必要避开高温干旱季节，待新梢长出后及时追肥。

（三）改造园相，改善生态

低产茶园表现为茶树种植密度不足，缺株断行多，群体结构不合理。改造园相的主要内容是增加茶树密度，具体措施为茶苗补缺、以新代老、改植良种等，改稀植茶园为合理密植茶园，改零乱散碎茶园为完整茶园。针对梧州的实际以及改造成本，对茶树进行补植是最快捷的方法。将原行距不超过 1.5 m 的低产茶园，补植或加密丛间空隙。对于行距达 2 ～ 3 m 的低产茶园，除补密丛间外，行间可以增补一行。

对于低产茶园，也可以有计划地引种适制六堡茶的高产优质茶树良种代替苍梧县群体种，逐步实现品种更新。通过集团选育或者单株选育，科学合理地扩繁苍梧县群体种规模。相对改植，嫁接则是投资少、见效快、水土保持完好的品种更新方式，因此也可以通过嫁接的方式实现品种更新，逐步优化茶树品种区域布局。

三、低产茶园改造后的管护

（一）肥水管理

茶树更新是树体经受不同程度的创伤的过程，茶树大量萌发新枝需要更多的营养。水肥充足、土壤理化性状好，才能保证茶树根系发育良好，新梢健壮生长。低产茶园大部分土壤贫瘠，增施肥料是改善土壤、提高肥力的重要措施。在施用氮肥的基础上，增加磷钾肥的比重，特别要重视增施有机肥。有机肥作底肥，速效肥作追肥，促进分枝和新梢生长，可以迅速提高树冠高度和宽度。有条件的情况下，可以进行测土配方施肥。

刚修剪完的茶树，土壤裸露面大，土壤板结，杂草容易生长，此时可以采用行间铺草的方式。如果不采取铺草措施，就要结合中耕除草，疏松表层土壤。

（二）科学采摘

树冠更新后的茶树，以养好茶蓬，扩大树幅为主，采取“以养为主，采养结合”的原则。在茶树高度尚未达到 70 cm，树幅未超过 1 m 时，以培养树冠为主要目标，要采密留稀，采高留低，增加分枝密度，提高生产枝数量，塑造丰产树型。当冠幅达到开采标准时，方可正式投产开采。如果提前开采，造成采摘面过小，树势很快会再次衰老，达不到改造目的。茶树台刈后应与幼年茶树一样管理，同样强调以养为主、以采为辅，第一年不采；第二年春末打顶采，夏、秋少采多留；第三年经过二次定型修剪、树高 50 cm 以上后，采取春留 2 叶、夏留 1 叶、秋留鱼叶采；第四年春夏留 1 叶采，秋留鱼叶采；以后即可按成龄茶树正常采茶。

（三）加强病虫害防治

茶树改造后，代谢旺盛，新生枝叶幼嫩繁茂，各种病虫害的发生概率较高，因此，要加强病虫防治工作。坚持预防为主、综合防治的原则，选用安全、高效、低毒农药，大力推广病虫害绿色防控技术，将各类病虫害控制在允许的经济阈值内。

（四）优化茶园生态环境

在茶园山顶、茶园中的空缺地、道路、沟渠两旁种植遮阴树或者行道树，如桂花、香樟、樱花树等。可以梯壁留草。在台刈茶园开展“绿肥 +”模式，冬季套种紫云英、油菜、黑麦草等绿肥，夏季套种赤小豆、花生、决明等豆科植物，形成茶、林、草、虫等物种多样化生态群落，改善茶园小气候。

附　录

附录 1　茶园禁用农药

农药名称	农药类别	禁限用原因	公告
六六六、滴滴涕、毒杀芬、二溴氯丙烷、杀虫脒、二溴乙烷、除草醚、艾氏剂、狄氏剂、汞制剂、砷类、铅类、敌枯双、氟乙酰胺、甘氟、毒鼠强、氟乙酸钠、毒鼠硅	有机氯农药、汞制剂、砷制剂、除草剂	高残毒	农业部公告第 199 号
甲胺磷、甲基对硫磷、对硫磷、久效磷、磷胺	有机磷农药	剧毒	农业部公告第 274 号、322 号
八氯二丙醚	有机氯增效剂	茶叶中高残留、致癌	农业部公告第 747 号
氟虫腈	有机氟农药	高生态毒性	农业部公告第 1157 号
甲拌磷、甲基异柳磷、内吸磷、克百威、涕灭威、灭线磷、硫环磷、氯唑磷、三氯杀螨醇、氰戊菊酯	有机磷农药、有机氯农药、菊酯类农药	剧毒、高残留	农发［2010］2 号
治螟磷、蝇毒磷、特丁硫磷、硫线磷、磷化锌、磷化镁、甲基硫环磷、磷化钙、地虫硫磷、苯线磷、灭多威	有机磷农药、氨基甲酸酯类农药、有机磷农药、杀鼠剂	高毒	农业部公告第 1586 号
氯磺隆、胺苯磺隆、甲磺隆、福美胂、福美甲胂	除草剂、杀菌剂	长残效	农业部公告第 2032 号
百草枯水剂	除草剂	我国已禁用	农业部公告第 1745 号、2445 号

续表

农药名称	农药类别	禁限用原因	公告
氯化苦、杀扑磷	熏蒸剂	高毒	农业部公告第 2289 号
2，4- 滴丁酯	除草剂	残留和飘移	农业部公告第 2445 号
乙酰甲胺磷、乐果、丁硫克百威	有机磷农药，氨基甲酸酯农药	残留毒性	农业部公告第 2552 号
硫丹	有机氯农药	高毒	农业部公告第 2552 号
溴甲烷	熏蒸剂	高毒	农业部公告第 2552 号
林丹	杀虫剂	剧毒	生态环境部等 2019 年第 10 号公告
氟虫胺	有机氟农药	高毒	农业农村部公告第 148 号

附录 2 茶园可用除草剂名单

商品名	毒性	价格 /（元 /L）	登记数 / 件	推荐用量 /（L/hm^2）	年成本 /（元 /hm^2）	类型	防治对象	使用方式	备注
西玛津	低毒	40*	2	2.25 ~ 3.75*	#	选择性，内吸传导型，土壤处理剂	一年生杂草	喷于地面	西玛津的残效期较长（12 个月），对某些敏感后茬作物生长有不良影响
扑草净	低毒	40*	6	3.75 ~ 6.00*	#	选择性，内吸传导型，土壤处理剂	阔叶杂草	喷于地面	每季最多使用 1 次，土壤中移动性较强，砂性强的土壤慎用
莠去津（阿特拉津）	低毒	35	19	2.70 ~ 4.50	#	选择性，内吸传导型，土壤处理剂	一年生杂草	喷于地面	每季最多施药 1 次，莠去津的残效期长（6 个月以上），对某些后茬敏感作物生长有不良影响
草甘膦	低毒	15	21	3.75 ~ 7.50	810	灭生性，内吸传导型，茎叶处理剂	一年生、多年生杂草	茎叶喷雾	每季作物最多使用 1 次，本品与土壤接触立即失去活性，宜作茎叶处理
草甘膦铵盐	低毒	35	13	3.75 ~ 7.50	1410	灭生性，内吸传导型，茎叶处理剂	一年生、多年生杂草	茎叶喷雾	与土壤接触将失去活性，宜作茎叶处理
草甘膦异丙铵盐	低毒	35	38	2.25 ~ 6.00	1200	灭生性，内吸传导型，茎叶处理剂	一年生、多年生杂草	茎叶喷雾	每季最多使用 1 次，本品无土壤残留活性，对未出土杂草无防效
草甘膦钾盐	低毒	60	1	2.70 ~ 4.05	1332	灭生性，内吸传导型，茎叶处理剂	一年生、多年生杂草	茎叶喷雾	每季最多使用 1 次，本品无土壤残留活性，对未出土杂草无防效
草铵膦	低毒	75	3	3.00 ~ 4.50	1710	灭生性，触杀型，茎叶处理剂	一年生、多年生杂草	茎叶喷雾	施入农田土壤后可迅速被土壤微生物降解
灭草松	低毒	60	4	3.00 ~ 6.00	1800	选择性，触杀型，茎叶处理剂	阔叶杂草	茎叶喷雾	每季最多使用 1 次，对禾本科杂草无效，茶园使用本品时注意不要把药液喷到茶叶上

注：* 西玛津和扑草净剂型为可湿性粉剂，其价格单位为元 /kg，推荐用量单位为 kg/hm^2；# 土壤处理剂不能单独多次使用，故防治成本无法估算。每公顷的年成本＝最大推荐施用剂量 × 农药价格＋人工费 90 元 ×4。

附录 3 DB 45 /T 435—2014《六堡茶生产技术规程》

ICS 65.020.20

B 30

DB45

广 西 壮 族 自 治 区 地 方 标 准

DB 45/T 435—2014

代替 DB 45/T 435—2007

六堡茶生产技术规程

Production planting technical regulation of Liupao tea

2014-12-01 发布 2014-12-30 实施

广西壮族自治区质量技术监督局 发 布

前 言

本标准按 GB/T 1.1—2009 给出的规则起草。

本标准是对 DB 45/T 435—2007 的修订。与 DB 45/T 435—2007 的主要不同之处为：

——明确规定所用的茶树品种；

——对田间管理技术作部分修改；

——增加农业投入品管理、生产管理与档案记录。

本标准由梧州市质量技术监督局、梧州市农业局提出。

本标准由广西六堡茶标准化技术委员会归口。

本标准主要起草单位：梧州市农业局、梧州市六堡茶研究院、梧州市质量技术监督局、梧州出入境检验检疫局、梧州市六堡茶协会。

本标准参与起草单位：广西壮族自治区梧州茶厂、梧州中茶茶业有限公司、广西梧州茂圣茶业有限公司、苍梧六堡茶业有限公司、广西苍梧县银泰六堡茶业有限责任公司、广西芊河茶业发展有限公司、梧州市天誉茶业有限公司。

本标准主要起草人：甘日文、马士成、韦宇宁、吴平、杨桂强、邱瑞瑾、卢本沛、尤兰花。

本标准参与起草人：何志强、蔡一鸣、苏淑梅、吴启明、宋忠生、李家鸣、黄达勤、谢加仕、张兴勇、骆刚。

本标准所代替的历次发行版本：DB45/T 435—2007。

六堡茶生产技术规程

1 范围

本标准规定了六堡茶生产过程中基地选择、规划和建设，茶树种植，土壤管理、施肥和灌溉，有害生物防治，茶树修剪，茶叶采摘、贮存、运输，投入品管理、生产管理与档案记录等。

本标准适用于六堡茶的生产。

2 规范性引用文件

下列文件对于本文件的应用是必不可少的。凡是注日期的引用文件，仅所注日期的版本适用于本文件。凡是不注日期的引用文件，其最新版本（包括所有的修改单）适用于本文件。

GB 3095 环境空气质量标准

GB 4285 农药安全使用标准

GB 5084 农田灌溉水质标准

GB/T 8321 农药合理使用准则（所有部分）

GB 15618 土壤环境质量标准

NY/T 496 肥料合理使用准则

NY 5018 无公害食品 茶叶生产技术规程

中华人民共和国农业部公告第 199 号

中华人民共和国农业部 中华人民共和国工业和信息化部公告第 1158 号

3 术语和定义

下列术语和定义适用于本标准。

3.1 六堡茶 Liupao tea

在广西壮族自治区梧州市现辖行政区域范围内，选用苍梧县群体种、广西大中叶种及其分离、选育的品种、品系茶树［*Camellia sinensis* (L.) O.Kuntze］的鲜叶为原料，按特定的工艺进行加工，具有独特品质特征的黑茶。

4 园地选择、规划与建设

4.1 园地选择

园地宜选择在日照短，终年云雾较多，年平均气温 18 ～ 23 ℃，年降雨 1 400 mm ～ 1 800 mm 区域，茶园土层深厚，有机质丰富的平地、台地或≤ 250 山地，pH 4.5 ～ 6.5。

4.2 产地环境条件

茶园生态环境良好，远离工业“三废”及农业、城镇生活、医疗废弃物污染，大气环境符合 GB 3095 标准要求，土壤符合 GB 15618 标准二级要求，灌溉水符合 GB 5084 标准要求。

4.3 茶园规划

新建茶园要与茶厂建设相配套，茶园道路要合理设置主干道、支道、步道和地头道；修建供水排水渠道或设施。

4.4 茶园建设

4.4.1 茶园四周应植树造林，茶园内宜适当种植遮阴树。主要道路、沟渠两边种植行道树。

4.4.2 茶园开垦应注意水土保持，根据不同坡度和地形，选择适宜的时期、方法和施工技术。

5 茶树种植

5.1 茶园开垦

5.1.1 茶园与四周荒山陡坡、林地和农田交界处应设置隔离沟。

5.1.2 根据茶园的地形与坡度选择全垦或条垦，条垦应保持水平走向，开垦深度在 50 cm 以上。开垦坡度≥ 15° 的坡地，要修筑等高梯地，梯面宽在 1.2 m。

5.2 品种选择

选择以苍梧县群体种、广西大中叶种及其分离、选育出来的品种、品系。

5.3 **育苗**

有利用茶籽进行播种的有性繁殖和利用茶树营养器官通过扦插等方法进行的无性繁殖两种育苗方法。

5.4 **种植**

5.4.1 株高 25 ～ 30 cm 茶苗移栽种植。种植前开种植沟，沟深、宽各 50 cm 以上，施足基肥，以腐熟有机肥和磷肥料为主，深度在 30 ～ 40 cm，并使基肥与土壤充分混匀，再覆上松土。

5.4.2 按单行种植规格株距 33 cm，行距 150 cm，双行种植规格株距 33 cm，小行距 33 cm，大行距 150 cm。将茶苗放入种植穴后，覆土至根颈部，适当压实，淋足定根水。

6 土壤管理、施肥和灌溉

6.1 土壤管理

6.1.1 采用地面覆盖等措施提高茶园的保土蓄水能力。杂草、修剪枝叶和作物秸秆等覆盖材料应未受有害或有毒物质的污染。

6.1.2 为避免土壤板结，宜采用合理耕作、施用有机肥等方法保持或改良土壤结构。耕作时应考虑当地降水条件，防止水土流失。对土壤深厚、松软、肥沃，树冠覆盖度大，病虫草害少的茶园可实行减耕或免耕。

6.2 **灌溉**

6.2.1 灌溉水水质应符合 GB 5084 标准要求。

6.2.2 根据土壤水分、茶树长势、气候条件等情况，确定合理的需水量和灌溉时间。

6.3 **施肥**

6.3.1 施肥原则

6.3.1.1 根据茶树的营养需要、土壤肥力、目标产量、制茶类型和气候条件等情况，合理确定肥料种类、数量和施肥时间，实施茶园平衡施肥。

6.3.1.2 宜多施有机肥料，化学肥料与有机肥料应配合使用，避免单纯使用化学肥料和矿物源肥料。宜施用茶树专用肥。

6.3.1.3 农家肥等有机肥料在施用前应经无害化处理。不得使用城市垃圾、卫生垃圾与有害工业废弃物。

6.3.1.4 肥料使用应符合 NY/T 496 要求。

6.3.2 施肥数量

6.3.2.1 基肥

以农家肥等有机肥料为主，当年秋季开沟深施，施肥深度 20 cm 以上。每亩施饼肥或商品有机肥 200 ～ 400 kg 或农家有机肥 1 000 ～ 2 000 kg 。有机肥料使用符合 NY 5018 的标准。

6.3.2.2 追肥

追肥可结合茶树生育规律进行多次，以化学肥料为主。幼龄茶园每亩施 5 ～ 10 kg 复合肥。成年茶园每亩施用尿素 15 ～ 20 kg，或茶树专用肥 20 ～ 30 kg。一般在茶叶开采前 15 ～ 30 天施肥，施肥沟深 10 cm 左右，施肥后及时盖土。

7 病虫草害防治

7.1 防治原则

采取“预防为主，综合治理”方针，运用各种综合防治措施，创造不利于病、虫、草等有害生物孳生和有利于各类天敌繁衍的环境条件，保持茶园生态系统的平衡和生物的多样性，将各类病虫草害控制在允许的经济阈值内，将农药残留降低到规定标准的范围内。

7.2 农业防治

7.2.1 换种改植或发展新茶园时，应选用对病、虫害具有抗性或耐性的品种。

7.2.2 通过修剪既可培育树冠，又可改变病虫的生存环境，起到良好的防治作用。合理控制茶树高度，春茶后宜进行树冠改造，秋末宜轻修剪可明显地压低叶螨类的越冬基数等。

7.2.3 秋末宜结合施基肥，进行茶园翻耕，减轻次年象甲类害虫发生，对鳞翅目害虫也有较好的防治效果。

7.2.4 秋末将茶园根际附近的落叶及表土清理至行间深埋，有效防治叶病类和在表土中越冬的害虫。

7.3 物理防治

7.3.1 利用害虫的趋性，在其成虫孵化初期，在田间进行诱虫板、诱虫灯诱杀。

7.3.2 对发生较轻、为害中心明显及有假死性的害虫，进行人工捕杀。

7.3.3 采用机械或人工方法清除杂草。

7.4 生物防治

7.4.1 保护和利用当地茶园中的有益生物，减少人为因素对天敌的伤害。

7.4.2 宜使用生物源农药，如微生物农药和植物源农药。

7.5 化学防治

7.5.1 严格按制定的防治指标，掌握防治适期施药。

7.5.2 为防止产生抗药性，并减少污染，宜低容量喷雾，一般蓬面害虫实行蓬面扫喷；茶丛中下部害虫建议侧位低容量喷雾。

7.5.3 有限制地使用高效、低毒、低残留的植保产品。严格按照GB/T 8321的要求控制农药施药量与安全间隔期。禁止使用高毒、高残留及国家禁用的植保产品。

7.5.4 化学防治应遵守农业部第199号公告与农业部、工业和信息化部第1158号公告规定的用药范围。

7.5.5 使用后的农药容器、包装物应及时收回，妥善保管和处理，不得遗弃在茶园。

8 茶树修剪

8.1.1 采用定型修剪、轻修剪培养优化树冠，采用深修剪、重修剪和台刈等方法复壮树势。

8.1.2 修剪枝叶应留在茶园内，以利于培肥土壤。病虫枝条和粗老干枝应清除出园。

9 鲜叶采摘、贮存、运输

9.1.1 应遵循采留结合、量质兼顾和因园制宜的原则，按照标准，适时采摘。

9.1.2 手工采茶要求提手采，保持芽叶完整、新鲜、匀净，不夹带鳞片、鱼叶、茶果与老枝叶，不宜捋采和抓采。

9.1.3 发芽整齐，生长势强，采摘面平整的茶园宜机采。采茶机应使用无铅汽油和机油，防止污染茶叶、茶树和土壤。

9.1.4 采用清洁、通气性良好的竹编、网眼茶篮或篓筐盛装鲜叶。

9.1.5 采下的鲜叶应妥善防护，不能暴晒、雨淋；应及时运抵茶厂，防止变质。

9.1.6 运输鲜叶的工具应清洁卫生。运输时禁止与其他易污染的物品混运。

9.1.7 鲜叶运输应使用清洁的运输工具，使用通气性好的箩筐装盛，不得密闭、挤压，不得日晒、雨淋，避免污染。

10 农业投入品管理

10.1 肥料

10.1.1 肥料应从正规渠道采购。不得采购非法销售点销售的肥料、不合格的肥料、超过保质期的肥料、进口国禁止使用的肥料。

10.1.2 肥料应储存在专用区域，不与农产品、植保产品、污染物和废弃物等储存在一起，以防交叉污染。

10.1.3 肥料储存区域应有相应的防护设施。化肥储存区域应洁净、干燥、遮光、避雨、通风，使化肥（粉末、颗粒或液体）不受阳光、雾气或雨水等气候因素影响。有机肥料储存区域应适当隔离，以降低污染环境、影响人类和动物安全的风险。

10.2 植保产品

10.2.1 植保产品应从正规渠道采购。不得采购非法销售点销售的、无登记证或临时登记证、无生产许可证或者生产批准文件、无产品质量标准及合格证明、无标签或标签内容不完整、超过保质期和进口国禁止使用的植保产品。

10.2.2 植保产品应储藏于专用仓库。仓库应远离存放其他物料的场所，并符合防火、防盗、防雨、清洁、防腐、避光、通风、阴凉等安全条件要求；配有植保产品配制量具、急救药箱，入口处应贴有警示标志。

10.2.3 剩余药液或清洗废液应根据国家或地方法规进行处理。

10.2.4 植保产品容器、包装物不得重复使用，应及时收回，妥善保管和处理，减少对茶树、人体、环境、水源等的污染。

11 生产管理与档案记录

11.1.1 每一个茶园都应建立生产管理体系，配备必要管理人员与技术人员。

11.1.2 管理人员与茶农应分别进行定期培训。

11.1.3 建立生产资料出入库台账，保存所有生产投入物的采购与分发单据凭证；建立生产记录制度，有效记录茶叶生产过程中各个环节的活动，实现可追溯性。

11.1.4 各种记录、台账格式要规范，内容要齐全，并分别整理成档案。

11.1.5 记录应至少保留三年。

中华人民共和国广西地方标准
六堡茶生产技术规程
DB45/T 435— 2014
广西壮族自治区质量技术监督局统一印刷
版权专有 侵权必究

附录 4 茶园管理常见技术问题问答

以下问题在实际生产中茶农比较关注，虽然正文内容中有提及，但知识点融汇在各章内容之中，比较分散。为了更好地指导生产，特整理归纳了部分技术问题如下。

问 1：为什么茶树喜酸性土壤？

答：物种系统进化造就的遗传特性。由于茶树原产地在中国云贵高原的原始森林地区，该地区属酸性土壤，长期的系统发育使茶树逐渐形成了喜酸的遗传特性。在酸性环境下，许多土壤养分才能被顺利吸收。例如，经用 ^{32}P 同位素示踪研究表明，茶树对 P 的吸收，在酸性条件下比中性条件下几乎高 1 倍。

与茶树根的生化特性有关。据研究，茶树根中含有丰富的有机酸，如柠檬酸、苹果酸、草酸和丙酮酸等，而无机酸盐含量很低，所以茶树根液对酸性的缓冲能力强，而对碱性的缓冲能力相对较弱。这种根液特性也是茶树喜酸的原因之一。

与茶树喜铝嫌钙有关。在酸性土壤中，含有丰富的活性铝离子，酸性愈强，活性铝离子就愈多，中性土壤中无活性铝离子存在。茶树是嫌钙植物。茶园土壤一般含钙量很低，仅 0.15% ～ 0.32%，土壤含钙量与土壤 pH 正相关。所以，茶树在高 pH、高钙含量的土壤中无法正常生长。

与菌根菌共生有关。茶树吸收根中有许多真菌类的菌丝或菌根侵入，这些菌根能分解土壤中的有机物质，吸收养分与水分供给茶树生长需要，而这些菌根菌本身只有在酸性环境才能生长。

问 2：茶树对气候条件有什么要求？

答：茶树的生长发育与外界环境条件有着密切的关系。在长期的系统发育过程中，茶树以相应的外界环境因素作为适生条件。

温度。茶树喜温暖，它一年中生育期的长短，主要是由温度条件支配着。一般认为适宜茶树经济栽培的温度，是在年平均气温 13℃以上，以

15 ～ 30℃为适宜；10℃以上年有效积温在 3 500 ～ 4 000℃；乔、灌木型茶树能忍耐的绝对最低温度为 -6℃；最高临界温度为 45℃，但一般气温 35℃以上，生长便会受阻。

湿度。茶树喜湿怕涝。最适年降水量 1 500 mm，雨量要求分布均匀；且生长季节日降水量需在 100 mm 以上。茶树要求空气相对湿度要高，以 80% ～ 90% 为好，如果降到 50% 以下，生长会大受影响。茶园土壤湿度要适当，以土壤相对含水量 70% ～ 80% 为宜，水分降到 50% 或超过 90%，都会给茶树生长造成困难或导致死亡。

光照。茶树是耐阴植物，适宜生长在漫射光为主体的环境中。光质中以光波短的蓝、紫光为宜。

问 3：茶树为什么要修剪?

答：实践证明，要培养丰产茶园，就必须首先培养丰产树冠。而丰产树冠的培育，只有通过人为地修剪，科学地培养，改变自然生长下株高、枝稀、芽小的状态才可能达到。因此，茶树修剪是茶园管理中对茶树本身管理的一个重要内容，其作用概括有以下几点。

第一，抑制顶端生长优势，促进侧芽的萌发与生长，以培育广阔的树冠，扩大采摘面。

第二，更新复壮，促进新梢生长。通过剪除阶段发育较老部分，使下部阶段发育年幼的枝条大量萌发。

第三，打破地上部与地下部生长相对平衡的关系，促使枝叶生长旺盛。

第四，改变碳氮比，控制生殖生长，促进营养生长。- 如茶树枝梢长期不剪除，枝梢老化，碳水化合物增加，碳氮比高，生机衰退，对夹叶增多，则有利于生殖生长。

第五，剪除病虫弱枝、调节树冠光照条件，且影响到鲜叶生化组成，达到增质的效果。

问 4：如何确定茶树台刈、重修剪的周期？

答：实践证明，茶树进行台刈虽然能复壮树势，但措施的本身也是对茶树机体的一次创伤，必然消耗根部大量的营养物质。因此经常采用这种方法，尤其是台刈，往往会使茶树机体早衰、土壤肥力枯竭、茶树寿命缩短。但是，衰老与半衰退老茶树不采取更新措施，又达不到复壮树冠的目的，长期处于低产状态。因此，在生产管理上应加强肥管，尽量延长更新年限，并在半衰老阶段，以重修剪代替台刈的办法复壮树冠，而且重修剪的周期也不宜太短。

目前，一般认为，在现有管理条件下，根据树势衰弱程度，重修剪周期以 10 ～ 15 年进行 1 次；台刈周期 20 ～ 25 年 1 次。生产实践告诉我们：半衰老茶树，倘若不采用重修剪复壮树势，而采用台刈更新，不但经济效果差，而且还会造成不必要的减产。因此，需要很好地掌握。

确定半衰老茶树的方法，可以总结为四看：一看生长量，在正常年景与肥培条件下，如果春茶产量大于夏茶加秋茶产量，其春茶占年产量的 50% ～ 70%，夏茶占 20% ～ 30%，秋茶占 10% ～ 20%；二看对夹叶含量，一般中、小叶种对夹叶含量达 50% ～ 60% 以上；三看树冠枯枝与鸡爪枝是否呈增多状况；四看芽梢重量，中、小叶种标准芽梢均重在 0.15 g 以下，大叶种为 0.3 g 以下。

一般来说，凡衰老茶树均要进行更新复壮，但一个生产单位要注意更新面积比例，一般不宜超过该单位采摘总面积的 5% ～ 10%，即宜采用逐年按比例更新复壮茶园的办法，以保证稳定的产量。

问 5: 幼龄茶园如何施肥?

答：幼龄茶园施肥要遵循勤施薄肥、先淡后浓、先少后多的原则。秋冬季施肥以有机肥为主，基肥一般每亩施农家肥 1 000 kg 或商用有机肥 200 kg，必要时配施一定数量的矿物源肥料和微生物肥料，开 10 ～ 12 cm 的浅穴或者沟施。春夏季追肥以速效氮肥配合磷、钾肥或者直接选用茶树专用复合肥，结合中微量肥料。施肥可以采用水溶肥点施或者穴施，位置离茶树根系 10 ～ 15 cm 为宜。每年追肥 2 次，分别是春茶前和春茶后，按照 6∶4 的比例分配施用。

氮肥推荐用量 1 ～ 2 树龄 37.5 ～ 75.0 kg/hm^2，3 ～ 4 树龄 75 ～ 112.5 kg/hm^2，氮磷钾的比例可以选择 2∶1∶1。

问 6：成龄茶园如何施肥?

答：基肥每年或隔年施一次，于春茶结束后或秋茶结束后尽快施入，基肥用量按新建茶园的底肥标准，或略少于新建茶园的底肥用量，按纯氮计算，不得少于全年用量的30%。基肥施用应结合深耕，开沟深25～30 cm，宽20～30 cm，施后覆土平沟，这样有利于把茶树吸收根引向土壤深处，提高逆境下的生存能力，有利于茶树安全越冬。同时混施厩肥、饼肥和复合肥，以改良土壤理化性质，提高土壤保肥能力。追肥每年分别于2月下旬至3月上旬，5月上旬，7月中、下旬施用，以速效氮肥为主。如茶园专用复合肥、尿素、硫酸铵、碳酸氢铵、过磷酸钙、硫酸钾等。3次追肥量的比例为4∶3∶3。以产定肥，一般每采摘100 kg鲜叶施入纯氮4～5 kg，过磷酸钙或钙镁磷肥7～8 kg，磷酸钾2～2.5 kg。也可以采用测土配方施肥，定期测定土壤中各种肥料要素含量，当某种元素含量过低时，就应适当补充该种元素。

问7：春季茶园管理技术要点

答：（1）适时早施催芽肥。春季施催芽肥，使茶芽生长得粗、壮、齐，增加产量，提高质量。春肥占全年总施肥量的60%，前一年亩施有机肥150 kg，或腐熟农家肥（畜禽粪便）1 500 kg，且配有40 kg茶叶专用肥（氮磷钾总含量≥25%，其中氮含量≥11%，不含氯），每亩施催芽肥尿素8 kg。前一年冬没有施用有机底肥的，施催芽肥要求氮、磷、钾配合施入，比例为4∶1∶1或4∶1∶0.5，一般施用专用肥或复合肥35～40 kg，幼龄茶园15～25 kg。春茶催芽肥在2月底完成为好，高山茶园最迟不超过3月中旬。

（2）浅耕松土。结合施催芽肥，对茶园普遍进行一次浅耕松土，这是春茶增产的重要措施之一。茶园越冬后，土壤板结，土温也较低，采取浅耕，可以疏松土壤，使表土干燥，土温回升，有利于茶树早发，同时浅耕能铲除杂草，对茶树生长有利。浅耕时间3月初完成，浅耕深度10 cm。

（3）树冠修剪。地势较高茶园如有轻微冻害，造成部分生产枝叶冻害，必须剪尽受冻枝叶。地势较低茶园冬前未剪或未修剪结束，继续搞好修剪和茶树树冠整理，修剪时要剪除病虫枝，保留生长健壮的生长枝。春茶结束后应及时修剪并整理树冠。

（4）严格控制农药，降低农残。在茶叶生产中，禁止使用不易降解的高危、高毒、高残农药。及时检修太阳能杀虫灯，4月底间插好粘虫板。茶叶生产中主要虫害有小绿叶蝉、尺蠖和毛虫类害虫，防治要对症、及时，优先使用生物农药。推广茶园微耕机、割草机、修剪机、采茶机，不使用除草剂。

（5）搞好清沟排渍。春季雨水多，若茶园排水不畅，茶树易受渍害而烂根，造成茶芽迟发、减产，因此，要及时开沟排水，清理疏通排水沟，保证地下水位在 1 m 以下，做到雨停茶园干，不积水。

问 8：夏秋季茶园生产管理技术要点

答：夏秋季是茶园管理关键时期，加强夏秋季茶园生产管理，是保障夏秋茶和翌年春茶优质高产的基础工作。

（1）茶树修剪

周年采摘茶园，在春茶采摘结束后抓紧进行初次轻修剪，剪去树冠上部 5 ～ 10 cm 枝梢；夏茶采摘时宜适当留养，采用留叶采、打顶采的方式维持适宜叶层厚度；秋季宜适当提早停采，以免影响次年春茶产量和品质。为培养良好采摘蓬面，宜在 7 月中下旬前完成第二次轻修剪，修剪高度在上次剪口上抬高 10 cm 左右。如遇高温干旱天气应暂缓修剪。需改造的茶园，应在春茶采摘结束后开展重修剪或深修剪。

（2）茶园追肥

追肥通常以速效化学氮肥为主、配施磷钾肥，用量应综合考虑树龄、长势、目标产量及土壤养分含量等因素。

①土壤施肥。一般生产茶园可于夏茶生长开始前，每亩追施尿素 15 ～ 20 kg 或茶树专用复合肥 30 ～ 40 kg，高产茶园适当增加。宜选用高氮低磷中钾型复合肥，避免施入过多磷肥。通常在茶树边缘垂直向下位置开沟施肥，沟深 10 cm 以上。条栽茶园条施、丛栽茶园环丛施。

②叶面施肥。在夏秋茶生长期间可适当叶面追肥，在每轮茶季结束后，下一轮新梢萌发前喷施，每隔 1 周喷施 1 次，于晴天上午 10：00 前、下午 16：00 以后或者阴天喷施。施用时以静电喷雾器或采用农用植保无人机喷施，无人机飞行高度 1.5 m，叶面肥单位面积喷施量 1.0 L/ 亩。

可选用水溶型尿素、氨基酸水溶肥、腐殖酸叶面肥和沼液肥等叶面肥，配制成适当浓度施用。其中，水溶型尿素类叶面肥按 1% ～ 2% 尿素浓度，氨基酸类叶面肥以 50 mg/ 亩为宜；腐殖酸叶面肥以腐殖酸有效成分 2% 浓度喷施，亩用量 15 kg，市售产品一般需稀释 600 ～ 800 倍；沼液肥依沼液实际浓度进行稀释。

（3）除草控草

①机械除草。选用市场上常见的便携式动力除草机或手扶式多功能锄草机，除草时保持刀片 / 打草绳一定倾斜程度，使割下来的杂草尽可能落到茶树边。除草时宜开中速油门，在茶园匀速前进；如草过密，则应降低除草速度，如草较稀疏，则可适当提高除草速度。在使用除草机过程中，除草机的刀片或打草绳要尽量避免打到石块等坚硬物体，同时要定期清理内部碎草或缠绕在电机上的杂草，确保使用安全。

②人工除草。通常于 6—8 月每月进行一次。夏季浅耕除草要根据茶树年龄区别对待，对于成年期和衰老期的茶园，在耕作除草时，宜在秋季植被开花之前进行，以减少来年杂草发生；幼龄茶园宜适当增加茶园耕作除草次数。

③覆盖抑草。幼龄茶园及树冠覆盖度较低的生产茶园，可在茶行中铺设防草布，分为全覆盖与部分覆盖两种方式。全覆盖指用防草布将茶行土壤完全覆盖，这种方式要求防草布宽度大于行距 10 cm，铺展平整，尽量贴近茶苗茎基部，每隔 2 m 用地钉固定。部分覆盖通常以茶树种植行为中心线，左右两侧覆盖宽度为 40 ～ 50 cm 防草布，茶行中间露出 40 ～ 50 cm 宽的土壤，多用于幼龄茶园，可与“以草控草”技术配合使用。

④以草控草。幼龄茶园或树冠覆盖度较低的生产茶园，可在行间间作白三叶、紫云英、黑麦草等，一般 10 月中下旬在行间撒播，每亩播种 1 ～ 1.5 kg，幅宽以 40 ～ 50 cm 为宜，草籽与茶树根部保留 20 cm 以上间距。播种后次年 3 月上中旬每亩追施氮肥 5 kg，促进生长。

（4）茶园浅耕

宜在夏茶采收结束后，对茶园进行浅耕作业。耕作深度 5 ～ 10 cm。对于采摘秋茶的地区，宜在 8—9 月再进行一次浅耕。山区茶园可选用小型旋耕机、微耕机等，平地茶园可采用乘坐式多功能耕作机、履带自走式多功能耕作机等设备进行耕作。应避免在持续高温干旱天气下进行浅耕。

（5）防控病虫害

①半翅目害虫。夏季茶小绿叶蝉和黑刺粉虱发生严重。可选用红黄双色诱虫板诱杀，悬挂高度为茶蓬上方 20 cm，用量 23 ～ 25 块 / 亩，放置 2 ～ 3 周，

宜于茶园修剪后使用。害虫密度较高时，可喷施生物农药。

②鳞翅目害虫。6—9 月为茶尺蠖和灰茶尺蠖为害高峰；6 月底至 7 月为茶毛虫为害高峰，6 月初和 8 月是成虫发生高峰。使用杀虫灯持续诱杀成虫，光源应高于茶蓬 40 ～ 60 cm，每天日落后工作 3 h；使用性诱剂诱杀雄蛾，使用量 2 ～ 4 套 / 亩，悬挂于茶蓬上方 25 cm，3 个月更换一次诱芯。害虫密度较高时，可喷施生物农药。

③缨翅目害虫。夏季茶蓟马为害严重，盛发期为 6 月。采用诱虫板诱杀，悬挂于茶蓬上方 20 cm，用量 23 ～ 25 块 / 亩，诱虫板满载后及时更换，宜于茶园修剪后使用。

④蜱螨目害虫。夏季茶橙瘿螨、茶短须螨和茶跗线螨为害严重。茶橙瘿螨夏季有 2 次发生高峰；茶短须螨 6 月份虫口增长迅速，7—9 月为发生高峰；茶跗线螨 7—8 月为发生高峰。可于害螨发生初期，在茶园使用胡瓜钝绥螨携菌体，按 4 万～ 6 万头 / 亩释放。

问 9：夏秋季茶园防灾减灾技术

答：（1）茶园洪涝灾害

①洪涝灾害预防。及时关注天气预报，暴雨前检查疏通茶园排灌沟渠，确保排水正常。缺少排水沟渠的茶园，应在园内及四周抢挖排水沟，低洼或地下水位过高茶园，需开挖 1 m 以上深沟排水。适采茶园应组织抢采抢制，减轻损失。

②受涝茶园抢修补救。

a. 尽快排除地表水。茶园遭受洪涝灾害后，尽快组织排除地表水，减轻渍害、涝害影响。平地茶园应在四周开挖围沟，中间开挖中沟或厢沟排水，将地下水位降至 1 m 以下。苗圃和幼龄茶园应用水泵直接抽水。

b. 尽快修复基础设施。抓紧修复受损道路、沟渠、泵站等基础设施，疏通沟渠，保证水、路畅通，防止次生灾害。垮塌茶园要迅速组织修复重建，尽快恢复园相。

c. 及时清理茶园。被洪水冲泡的茶园，尽快清除树冠上的污泥杂物，保持树冠清洁卫生。挖除堆积在茶树下的泥沙。扶正倒伏树体，培土覆盖根系，保护茶苗直立成活。

d. 及时修剪。对水淹时间过长、伤根严重、叶片出现明显枯萎症状的茶树，在表土干燥后，应进行重修剪或深修剪，减少水分蒸发和养分消耗，防止整株死亡。对露根、伤根的茶树，要及时培土，剪除带泥沙的拖地枝和断枝等。受灾茶园应及时修剪，培养丰产树冠，促使新芽萌发整齐。

e. 及时补充养分。受灾茶园要中耕除草、开沟施肥，沟深 15 cm 左右，施肥后及时覆土。可施用腐熟有机肥和复合肥，投产茶园一般亩施 500 kg 有机肥和 20 ～ 30 kg 复合肥（可分 2 次施），幼龄茶园一般亩施 100 kg 有机肥和 10 ～ 20 kg 复合肥（可分 2 次施），也可适当喷施叶面肥。

（2）茶园保水抗旱

①落实干旱预防措施。

a. 修筑渠塘，及时灌溉抗旱。丘陵山区茶园利用有利地形，修筑水沟、渠道、蓄水池和山塘，提升排、蓄水能力，有条件的茶园建设灌溉系统。当茶园耕层土壤相对含水率降到 70％左右，或者日平均气温达 28℃以上且 7 ～ 10 天不下雨时，采用喷灌或地面沟灌等方式及时灌溉补水。灌溉后进行茶园覆盖，提高保墒效果。

b. 茶园遮阴。有条件的采用搭架等方式实施遮阳网覆盖，减少光照强度，缓解干旱。遮阳网应高出茶树 50 cm 以上，避免紧贴茶树造成烫伤。

c. 浅耕锄草、铺草覆盖。旱季来临前，应进行浅耕锄草，行间铺草覆盖。每亩用干草 1 t 左右，铺草厚度 5 ～ 10 cm，可割山草和杂草，或采用稻草、麦秆、豆秸、蔗渣、木屑和茶园修剪枝叶等作为草料来源。

②旱灾后管理。

a. 及时修剪。受旱严重的茶树，旱情过后应及时修剪，根据枝叶干枯程度，采取轻修剪、深修剪甚至台刈的方式，剪除枯死枝干，重新培养良好树冠。

b. 适时补苗。幼龄茶园易发生茶树死亡，干旱过后应及时补苗，避免缺株断行。

c. 合理施肥，恢复树势。幼龄茶园干旱季节可用 0.5% 磷酸二氢钾水溶液进行根外追肥。投产茶园在干旱后可开沟施用复合肥或有机肥，施肥量根据茶树种植密度、长势等确定。一般可每亩施复合肥 20 ～ 30 kg，有机肥 50 kg 以上，也可适当喷施叶面肥。

后记

梧州是六堡茶的原产地，是著名的“茶船古道”起源地，更是六堡茶的核心产区。北回归线从梧州市区穿境而过，造就了当地生态环境美、光热条件好、水资源丰富的地理特征，为茶树种植和生长提供了得天独厚的条件，并孕育了品质独特的梧州六堡茶。

2016 年 3 月，我初到梧州工作，就被六堡茶深厚的文化底蕴和独特的魅力所吸引，并决心倾尽全力投入到六堡茶产业发展和科研工作中去。但同时，缺乏当家品种、栽培管理技术落后等一系列制约产业发展的科学瓶颈问题也呈现在面前。此情此景，我许下了一个愿望，那就是在不久的将来，梧州市随处可见风景如画的六堡茶茶园，茶园里种植着梧州市自主选育的当家良种。为了实现我的茶园梦、产业梦，我暗暗下定决心，要充分发挥自己的茶学专业特长，为六堡茶产业发展贡献自己的微薄之力。

从事与六堡茶有关的科学研究，要更多从实际生产实践中寻找问题和科研方向。梧州的夏天，气温直逼 40℃，我和研究团队奔波在六堡茶各产区的茶园里，开展六堡茶品种选育、标准化生态茶园建设、茶园病虫害绿色防控和低产改造等一系列科研工作。团队引进先进实用技术进行示范推广，开展系列技术指导和培训，逐步建立起一支茶园管理专业技术人才队伍，茶企、茶农管理理念有所改变，六堡茶茶园管理水平也逐年改善和提高。

近年来，梧州市深入贯彻习近平总书记关于茶产业发展的重要指示精神，根据广西壮族自治区党委、政府的要求，围绕打造广西千亿元茶产业“半壁江山”的战略目标，发挥六堡茶原产地、原种茶、原工艺“三原”优势，大力实施六堡茶产业发展行动计划。自 2021 年生态茶园建设项目启动以来，茶园规模迅速扩大，此时急需六堡茶优质高效栽培方面的技术指导书籍。为此，我们组织力量编撰了这本《六堡茶优质高效栽培技术》，以求为六堡茶产业从业工作者提供参考，若能有所助益，也算圆了我们为六堡茶产业略尽绵薄之力的心愿。

本书的编著出版得到了广西科技重大专项（桂科 AA20302018-5）、国家现代农业产业技术体系广西茶叶创新团队梧州综合试验站（nycytxgxcxtd-18-09）、广西六堡茶产业科研人才小高地建设（桂组通字〔2019〕85 号）等项目的资助支持。

六堡茶的产业发展离不开各级领导、业界专家的悉心指导和鼎力支持。中国工程院院士，湖南师范大学党委副书记、校长刘仲华对六堡茶产业高度关心和支持，并亲自领衔挂帅广西科技重大专项“广西六堡茶‘八新双增’关键技术研究与产业化示范”项目。浙江大学茶学系王校常教授对本书进行审阅并作序；梁月荣教授、郑新强副教授不辞辛苦，多次深入梧州六堡茶产区开展茶树资源收集、品种选育和高产栽培技术示范等工作。还有许许多多关心支持六堡茶产业发展的专家、老师、朋友，未能一一具名致谢，敬请海涵。同时，还要感谢梧州市茶产业发展局、梧州市农业农村局、梧州市科学技术局等部门的大力支持，在此致以诚挚的谢意。

因我们水平有限，错漏之处在所难免，恳请各位读者朋友们批评指正。

于翠平

2024 年 5 月 8 日